Diese Mitteilungen setzen eine von Erich Regener begründete Reihe fort, deren Hefte auf der vorletzten Seite genannt sind.

Bis Heft 19 wurden die Mitteilungen herausgegeben von J. Bartels und W. Dieminger. Von Heft 20 an zeichnen W. Dieminger, A. Ehmert und G. Pfotzer als Herausgeber.

Das Max-Planck-Institut für Aeronomie vereinigt zwei Institute, das Institut für Stratosphärenphysik und das Institut für Ionosphärenphysik.

Ein (S) oder (I) beim Titel deutet an, aus welchem Institut die Arbeit stammt.

Anschrift der beiden Institute:

3411 Lindau

REGISTRIERUNG UND ANALYSE

ERDMAGNETISCHER PULSATIONEN

DER POLARLICHTZONE

SOWIE EIN VERGLEICH

MIT BREMSSTRAHLUNGSMESSUNGEN

von

KLAUS WILHELM

ISBN 978-3-540-03617-3   ISBN 978-3-642-47847-5 (eBook)
DOI 10.1007/978-3-642-47847-5

Inhaltsverzeichnis

1. **Einleitung** .... Seite 5

2. **Kompensationsmagnetometer** 6
   - 2.1 Aufbau und Wirkungsweise 6
   - 2.2 Photoelement und Verstärker 7
   - 2.3 Eigenschaften der Kompensationsschaltung 7

3. **Zwei-Magnetometer-Anordnung** 7
   - 3.1 Aufbau und Wirkungsweise 7
   - 3.2 Abweichungen vom idealen Verhalten 9
     - 3.21 Endliche Eigenfrequenzen der Torsionssysteme 9
     - 3.22 Langzeitkonstanz der Kompensationskreise 10
     - 3.23 Ungleiche Spulenkonstanten und Justierfehler 10
     - 3.24 Äußeres Magnetfeld 10
   - 3.3 Eigenschaften der Anordnung 10

4. **Magnetbandregistrierung** 12

5. **Automatische Frequenzanalyse** 13
   - 5.1 Prinzip der Analyse 13
     - 5.11 Aufgabenstellung 13
     - 5.12 Sonagrammanalyse 13
   - 5.2 Aufbau der Anlage 14
     - 5.21 Wiedergabebandgerät 14
     - 5.22 Bandfilter 14
     - 5.23 Aufzeichnung von $A(f_o, \vartheta)$ 16
     - 5.24 Programm der Anlage 17
   - 5.3 Erweiterungen der Anlage 17
   - 5.4 Sonagrammbeispiele 17

6. **Vergleich von Pulsationsregistrierungen mit Bremsstrahlungsmessungen** 18
   - 6.1 Beobachtungen von Elektronenbremsstrahlung und Pulsationen 18
   - 6.2 Beobachtungen in Kiruna 19
     - 6.21 Gemeinsames Auftreten von Pulsationen und Bremsstrahlung 19
     - 6.22 Ereignisse der Nachtseite 21
     - 6.23 Einige Einzelbeobachtungen 23
     - 6.24 Abnahme der Pulsationen bei Bremsstrahlung 25

7. **Pulsationen vom Typ pc 1** 26
   - 7.1 Bisherige Beobachtungen 26
   - 7.2 Beobachtungen von pc 1 in den Berichtsmonaten 26
   - 7.3 Deutung im Rahmen bestehender Theorien 30

8. **Pulsationen mit fallenden Frequenzen** 32
   - 8.1 Beobachtungen von steigenden und fallenden Frequenzen 32
   - 8.2 Gleitende Frequenzen in Kiruna 32
   - 8.3 pc 3-Pulsationen mit fallenden Frequenzen 35
   - 8.4 Erklärungsversuch 35

9. **Zusammenfassung und Schluß** 38

Literaturverzeichnis 39

1. Einleitung

Die Pulsationen des erdmagnetischen Feldes, Schwankungen der Feldstärke mit Perioden im Sekunden- und Minutenbereich, werden seit dem vorigen Jahrhundert registriert. Besonders stark sind die Beobachtungsergebnisse auf diesem Gebiet in den letzten Jahrzehnten angewachsen. Durch die Anwendung hydromagnetischer Vorstellungen hat auch die theoretische Behandlung zur Deutung der Pulsationen beträchtliche Impulse erhalten.

Eine einheitliche Theorie gibt es jedoch nicht, und sie ist vermutlich auch nicht möglich, da das Beobachtungsmaterial auf mehrere Gruppen von Pulsationen mit verschiedenen Anregungsmechanismen hindeutet.

Besonders CAMPBELL (1960a, 1960b, 1960c, 1961, 1962, 1963, 1964) hat es unternommen, die Pulsationen mit anderen geophysikalischen Erscheinungen in Beziehung zu setzen. Da weitere Beobachtungen wünschenswert sind, sollen hier Pulsationen mit gleichzeitigen Röntgenstrahlungsmessungen durch Ballongeräte in der Polarlichtzone verglichen werden.

Um die Registrierungen leichter bearbeiten zu können, wurde eine Analyse der Pulsationen nach Frequenzen in Form der Sonagrammanalyse angestrebt. Verschiedentlich sind Pulsationen mit einem kommerziellen Sonagraphen in einem Frequenz-Zeit-Diagramm dargestellt worden (SAITO, 1960; DUNCAN, 1961). Leider muß bei diesem Gerät die Registrierung abschnittsweise untersucht werden, so daß zur automatischen Analyse eine Neukonstruktion erforderlich war.

Gemessen wurden die Pulsationen mit einer neuen Magnetometeranordnung. Den vielen Meßmethoden (z.B. CAMPBELL and NEBEL, 1959; ELLIS, 1960; VOELKER, 1963) wurde eine weitere hinzugefügt, weil die üblichen Luftspulen mit nachfolgendem Mikrovolt-Verstärker für die beabsichtigten Messungen zu unhandlich sind und die gebräuchlichen Induktionsmagnetometer mit photographischer Registrierung arbeiten.

Von JACOBS et al. (1964) ist eine Klassifikation der Pulsationen vorgeschlagen worden, die hier benutzt werden soll.

Die Pulsationen werden in regelmäßige pc-Typen (von continuous pulsations) und unregelmäßige pi-Typen (von irregular pulsations) eingeteilt. Beide Gruppen werden weiter nach ihren Perioden unterschieden, und zwar

Typ		Periode (sec)
pc 1	(PP, pearl pulsations)	0,2 - 5
pc 2		5 - 10
pc 3	(pc, continuous pulsations)	10 - 45
pc 4		45 - 150
pc 5	(pg, giant pulsations)	150 - 600
pi 1		1 - 40
pi 2	(pt, pulsation trains)	40 - 150

In Klammern sind andere gebräuchliche Bezeichnungen vermerkt, die etwa den angegebenen Typen entsprechen. Treten pi 1 und pi 2 gleichzeitig auf, wird in dieser Arbeit von Sturmpulsationen gesprochen.

2. Kompensationsmagnetometer

2.1 Aufbau und Wirkungsweise

Zur Lösung der Aufgabe, mit einer robusten Apparatur kleine Schwankungen des erdmagnetischen Feldes bei recht großer Empfindlichkeit zu messen, bietet sich das Kompensationsprinzip in Verbindung mit einer Magnetometeranordnung an. Eine einfache Möglichkeit ist in Abb. 1 angedeutet. Da die angegebene Anordnung als Grundeinheit des endgültigen Aufbaus auftritt, soll sie näher beschrieben werden.

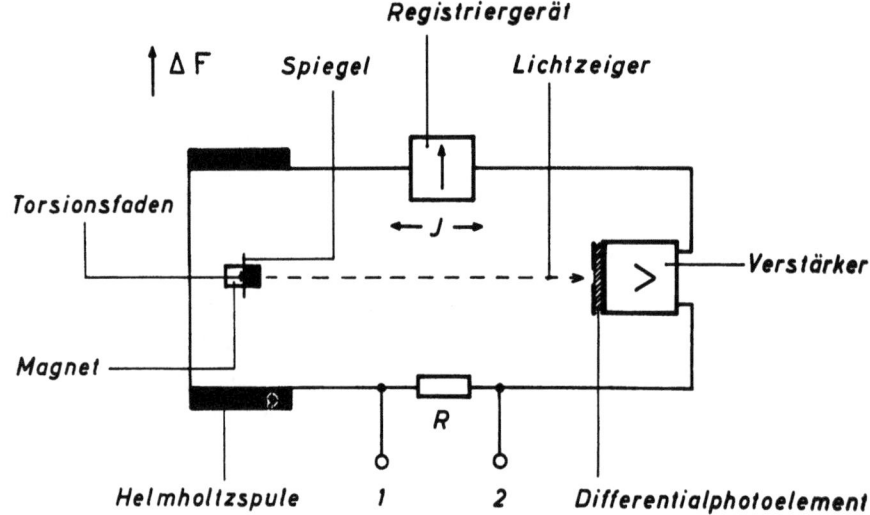

Abb. 1: Kompensationsmagnetometer

Der Gegenkopplungskreis zur Kompensation der Feldschwankungen ΔF besteht aus

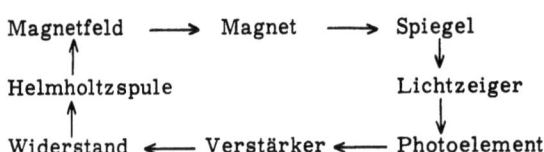

Die Stellung des Spaltes der Differentialphotozelle bestimmt die Soll-Lage des Magneten.

Eine äußere Feldänderung ΔF senkrecht zur Magnetachse und zum Torsionsfaden übt auf den Magneten ein Drehmoment aus. Über den Regelkreis wird ein (fast) ebenso großes Feld mit entgegengesetzter Richtung erzeugt.

Wenn das mittlere Magnetfeld F in Richtung ΔF kompensiert ist, lautet im statischen Fall die Gleichgewichtsbedingung für das Torsionssystem

$$-\Delta F \, m \cos\varphi = m K I \cos\varphi + \tau\varphi + D m \sin\varphi \tag{1a}$$

- K Spulenkonstante der Helmholtzspule
- m magnetisches Moment des Magneten
- φ Winkelabweichung von der Ruhelage
- τ Richtmoment des Torsionsfadens
- D Feld senkrecht zu ΔF und zum Torsionsfaden
- I Kompensationsstrom

Aus Gleichung (1a) folgt mit $\varphi \ll 1$

$$\Delta F = - KI - \varphi \left(\frac{T}{m} + D \right) \qquad (1b)$$

Da sich D nur bis auf die Größenordnung der erdmagnetischen Variationen herabdrücken läßt, zeigt die Gleichung, daß φ durch hohe Kreisverstärkung klein gemacht werden muß, um Proportionalität zwischen ΔF und I zu erhalten.

Wird $|D| < 1000\gamma$ angenommen und $\frac{T}{m} \approx 17\gamma$ sowie $\varphi \approx 10^{-5} \frac{\Delta F}{\gamma}$ für das Kompensationsmagnetometer angesetzt, so ergibt sich mit einem Fehler von 1 %

$$\Delta F = - KI \qquad (1c)$$

2.2 Photoelement und Verstärker

Im Kompensationskreis ist nur beim Photoelement und beim Verstärker eine Besonderheit zu erwähnen. Durch Kopplung von Transistoren in Basisschaltung mit einem stromstarken Siliziumphotoelement, dessen Kurzschlußstrom nahezu temperaturunabhängig ist, gelingt es leicht, einen stabilen Gegentakt-Verstärker aufzubauen.

2.3 Eigenschaften der Kompensationsschaltung

Die Anordnung ist zur Registrierung der Variationen ΔF des Erdfeldes in einer Komponente geeignet. Da die Feldänderungen der Variationen mehrere Größenordnungen über den Amplituden der Pulsationen liegen, ergibt sich für letztere auf dem Registriergerät keine ausreichende Anzeige.

Die unterschiedlichen Periodenbereiche von Pulsationen und Variationen legen eine Filterung mit einem frequenzabhängigen Gliede, z.B. einem RC-Gliede, nahe. Der Versuch, an den Punkten 1 und 2 in Abb. 1 über ein RC-Glied die Pulsationen zu messen, führt aber nicht zum Erfolg, weil

a) der Strom I die Pulsationsinformation sozusagen als Reiterchen auf einem durch Variationen bestimmten Untergrund trägt und

b) alle eventuellen Störungen ebenso zu Schwankungen von I führen.

Als Störungen scheinen einmal Erschütterungen des Magnet-Spiegel-Systems durch Bodenunruhe und zum anderen Schwankungen der Lampenhelligkeit in Betracht zu kommen. Auch nach guter mechanischer Aufstellung und Spannungsstabilisation konnten die Ergebnisse nicht befriedigen.

3. Zwei-Magnetometer-Anordnung

3.1 Aufbau und Wirkungsweise

Aus den in 2.3 genannten Gründen ergibt sich, daß der Kompensationsstrom I_1 so in I_2 und I_3 aufgespalten werden muß, daß I_2 den Variationen und I_3 den Pulsationen zugeordnet sind. Das gelingt mit einer Zwei-Magnetometer-Anordnung nach Abb. 2.

Die Magnetometer sind bis auf eine zusätzliche Helmholtzspule am Instrument II identisch. Es soll der eingeschwungene Zustand mit dem Ansatz $I_1 = I_{1o} e^{i\omega t}$ betrachtet werden. Der Strom I_1 verzweigt sich durch R_2 und C_2 in

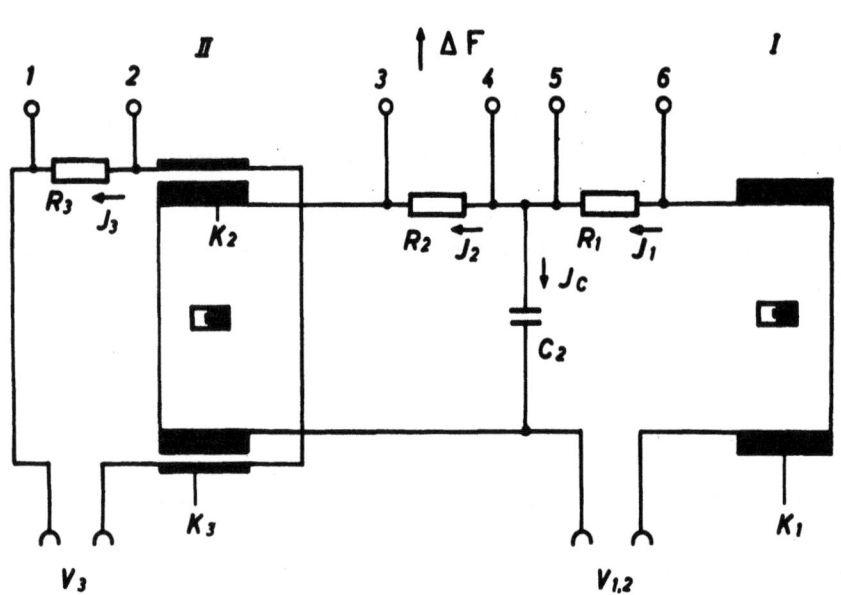

$$I_{2o} = \frac{-I_{1o}}{1 + i\omega R_2 C_2} \quad (2)$$

und

$$I_{Co} = \frac{-I_{1o} i\omega R_2 C_2}{1 + i\omega R_2 C_2} \quad (3)$$

mit

$$I_{1o} + I_{2o} + I_{Co} = 0$$

Für die Feldänderung und den Kompensationsstrom I_{1o} gilt nach (1c)

$$\Delta F_o = -K_1 I_{1o} \quad (4a)$$

Durch die Spulenkonstanten K_1, K_2 und K_3 hängen die Ströme mit den Feldern zusammen. Wird für $\omega = 0$ die naheliegende Forderung

Abb. 2: Zwei-Magnetometer-Anordnung

$$\Delta F_o = K_2 I_{2o} \quad (4b)$$

gestellt, so folgt mit (2)

$$K_1 = K_2 \quad (5)$$

Ist $\omega \neq 0$, muß Gleichung (4b) durch $K_2 I_{Co}$ ergänzt werden. In der Anordnung geschieht diese Ergänzung durch einen zweiten Kompensationskreis am Magnetometer II. Bei hinreichend hohen Eigenfrequenzen der Torsionssysteme - die Grenzen der Gültigkeit dieser Voraussetzung werden in Abschnitt 3.21 untersucht - gilt

$$K_3 I_{3o} = K_2 I_{Co} \quad (6)$$

Mit (3), (4a) und (5) ist dann

$$I_{3o} = \frac{\Delta F_o}{K_3} \frac{i\omega R_2 C_2}{1 + i\omega R_2 C_2} \quad (7)$$

$|I_{3o}|$ ist proportional zu ΔF_o und für große Frequenzen unabhängig von ω, fällt dagegen für kleine Frequenzen mit ω ab. Die Störungen von I_1 werden durch das glättende Glied $R_2 C_2$ herausgefiltert, und die zusätzlichen Störungen im Regelkreis II sind klein gegen die Meßgröße I_3.

Durch Spannungsschreiber können zwischen den Punkten

    1 und 2   Pulsationen

    3 und 4   Variationen und

    5 und 6   Gesamtänderungen des Feldes

in einer Komponente registriert werden.

3.2 Abweichungen vom idealen Verhalten

3.21 Endliche Eigenfrequenzen der Torsionssysteme

Entgegen der Annahme im Abschnitt 3.1 sind die Eigenfrequenzen der Torsionssysteme der Magnetometer zu berücksichtigen. Die Frequenz des Magnetometers I liegt wegen der starken Gegenkopplung hinreichend hoch. Daher gilt die Gleichung (4a) unverändert, und I_{1o} ist zusammen mit ΔF_o reell. Aus Gleichung (7) folgt beim Magnetometer II, daß für großes I_{3o} ein kleines K_3 günstig ist. Die damit verbundene kleinere Gegenkopplung führt zu einer tieferen Eigenfrequenz. Durch Wahl der Gegenkopplung kann sie so gelegt werden, daß die Durchlaßkurve der Anordnung an geeigneter Stelle nach hohen Frequenzen begrenzt wird. Durch eine Kupfer-Wirbelstrom-Dämpfung an den Magneten kann eine Selbsterregung der Kreise verhindert werden. Die Frequenz-Durchlaßkurve läßt sich aus der Bewegungsgleichung des Torsionssystems II berechnen:

$$\Theta \ddot{\varphi} + \rho \dot{\varphi} + D^* \varphi = m (\Delta F - K_2 I_2) \tag{8}$$

Θ Trägheitsmoment des Systems

D^* Richtmoment

ρ Dämpfungskonstante

m magnetisches Moment des Magneten

φ Winkelabweichung von der Ruhelage

D^* repräsentiert die Wirkung des Kompensationsstromes I_3, vermehrt um das kleine Richtmoment des Torsionsfadens. Die Wirkung des Kompensationsstromes I_2 ist nach (2), (4a) und (5)

$$K_2 I_2 = \frac{\Delta F}{1 + i \omega R_2 C_2} \tag{9}$$

Der Ansatz $\varphi = \varphi_o e^{i \omega t}$ führt nach kurzer Rechnung auf

$$\varphi_o = m \Delta F_o \frac{\omega R_2 C_2}{\omega \left[\rho + R_2 C_2 (D^* - \omega^2 \Theta) \right] + i \left[\omega^2 R_2 C_2 \rho - (D^* - \omega^2 \Theta) \right]} \tag{10}$$

Bei kleinem φ_o ist über das Differentialphotoelement

$$\varphi_o \sim I_{3o} \tag{11}$$

Damit gilt für den Betrag

$$\left| \frac{I_{3o}}{\Delta F_o} \right| \sim \frac{\omega R_2 C_2}{\sqrt{\omega^2 \left[\rho + R_2 C_2 (D^* - \omega^2 \Theta) \right]^2 + \left[\omega^2 R_2 C_2 \rho - (D^* - \omega^2 \Theta) \right]^2}} \tag{12}$$

und für die Phasendrehung

$$\operatorname{tg} \alpha_1 = \frac{D^* - \omega^2 \Theta - \omega^2 R_2 C_2 \rho}{\omega \left[\rho + R_2 C_2 (D^* - \omega^2 \Theta) \right]} \tag{13}$$

3.3   - 10 -

Für kleine ω wird erwartungsgemäß wieder

$$|I_{3o}| \sim \Delta F_o \omega \qquad (14a)$$

aber für große ω

$$|I_{3o}| \sim \frac{\Delta F_o}{\omega^2} \qquad (14b)$$

Die Phasendrehung geht für ω → ∞   gegen $-\pi$ und

für ω → 0   gegen $+\frac{\pi}{2}$.

3.22 Langzeitkonstanz der Kompensationskreise

Gegen Abweichungen von der Langzeitkonstanz des Photoelementes, des Verstärkers und der Lampenhelligkeit wurde die Anlage weitgehend symmetrisch aufgebaut, insbesondere mußten die Spule am Magnetometer I in zwei Spulen halber Windungszahl und der Kondensator C_2 in zwei Kondensatoren doppelter Kapazität aufgeteilt werden.

3.23 Ungleiche Spulenkonstanten und Justierfehler

Geringe Ungleichheit von K_1 und K_2 der gebauten Magnetometer und kleine Justierfehler bei der Aufstellung führen während erdmagnetischer Variationen zu einem Zusatz zum Kompensationsstrom I_3 und bedingen eine Nullpunktdrift des Pulsationsschreibers. Ein großes RC-Glied mit 8 sec Zeitkonstante vor dem Schreiber beseitigt diese Drift. Das RC-Glied bewirkt eine Änderung des Betrages um den Faktor

$$\beta(\omega) = \frac{\omega RC}{\sqrt{1 + \omega^2 R^2 C^2}} \qquad (15)$$

und eine weitere Phasendrehung

$$\operatorname{tg} \alpha_2 = \frac{1}{\omega RC} \qquad (16)$$

3.24 Äußeres Magnetfeld

Auf die Magnetometer wirkt das Erdfeld mit den Komponenten X (nach Norden), Y (nach Osten) und Z (nach unten). Die Komponenten X und Y werden gewöhnlich zur Horizontalintensität H zusammengezogen und durch die Angabe der Deklination D als Richtungsbestimmung ergänzt. Da der Magnet in seiner Ruhelage in H-Richtung hängt, können zunächst nur Änderungen der Deklination D registriert werden. Nach einer Kompensation der Horizontalintensität durch 4 Stabmagnete in einer Anordnung nach FREIBURG und KERTZ (1960) lassen sich durch den Torsionsfaden andere Ruhelagen des Magneten einstellen. Die Anlage wurde zur Beobachtung der X-Komponente eingesetzt.

3.3 Eigenschaften der Anordnung

Die Zusammenfassung aller Punkte führt zu einem Aufbau nach der Abbildung 3. Mit den Potentiometern lassen sich die gewünschte Empfindlichkeit und die Frequenz-Durchlaßkurve einstellen. Die maximale Empfindlichkeit beträgt bei 5 sec Periode etwa 25 $\frac{mm}{\gamma}$ mit einer Nachweisschwelle von 0,01γ bis 0,02γ.

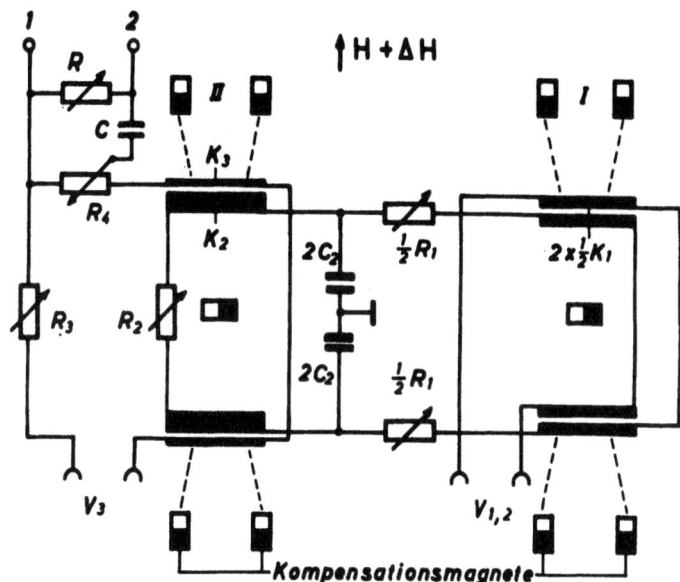

Abb. 3: Verbesserte Zwei-Magnetometer-Anordnung

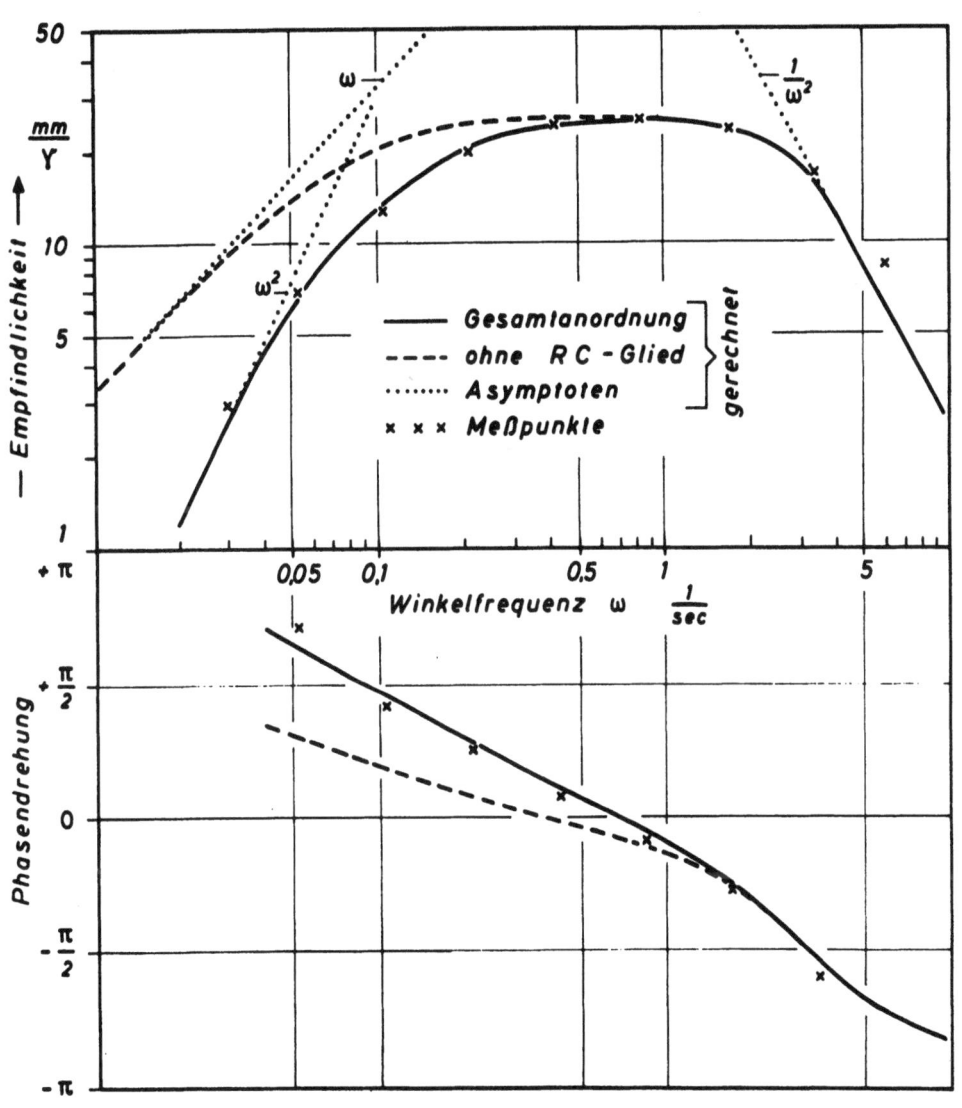

Abb. 4: Frequenz-Durchlaßkurve und Phasendrehung

Für eine Eigenfrequenz $\omega_0 = 2,6\ \text{sec}^{-1}$ und ein Trägheitsmoment $\theta = 2\ \text{g cm}^2$, das aus der Geometrie des Torsionssystems berechnet wurde, ist durch Wahl von $\rho = 10\ \text{g cm}^2 \text{sec}^{-1}$ den Meßpunkten eine Durchlaßkurve angepaßt. Die Zeitkonstante des Gliedes R_2C_2 beträgt 12,5 sec (Abb. 4).

Die ausgezogenen Kurven sind im Betrage nach dem Produkt von (12) und (15) und in der Phase nach der Summe $\alpha_1 + \alpha_2$ aus (13) und (16) gezeichnet. Die gebrochenen Kurven beziehen sich auf (12) und (13) allein. Im Bild ist außerdem das asymptotische Verhalten angedeutet.

Zum Eichen trägt jedes Magnetometer noch eine Eichspule; diese sind in Reihe geschaltet und werden vom Ausgangsstrom eines Tieftongenerators durchflossen.

4. Magnetbandregistrierung

Neben der Papierregistrierung werden die Pulsationen auf Magnetband aufgezeichnet. Die erforderliche geringe Bandgeschwindigkeit von $1\ \text{mm sec}^{-1}$ wird mit einem 1-stufigen Schneckengetriebe von einem 25 U/sec-Synchronmotor mit guter Genauigkeit erzeugt. Die Aufzeichnung geschieht mit Pulsdauermodulation bei $4\ \text{sec}^{-1}$ Wiederholfrequenz. Nach dem Abtasttheorem der Informationstheorie ist so eine Aufzeichnung der Frequenzen von 0 bis 2 Hz möglich.

Auf einer zweiten Bandspur werden durch Tastung von 50 Hz 30 sec-Zeitzeichen markiert.

Abb. 5 zeigt ein Blockschaltbild der Magnetbandaufzeichnung.

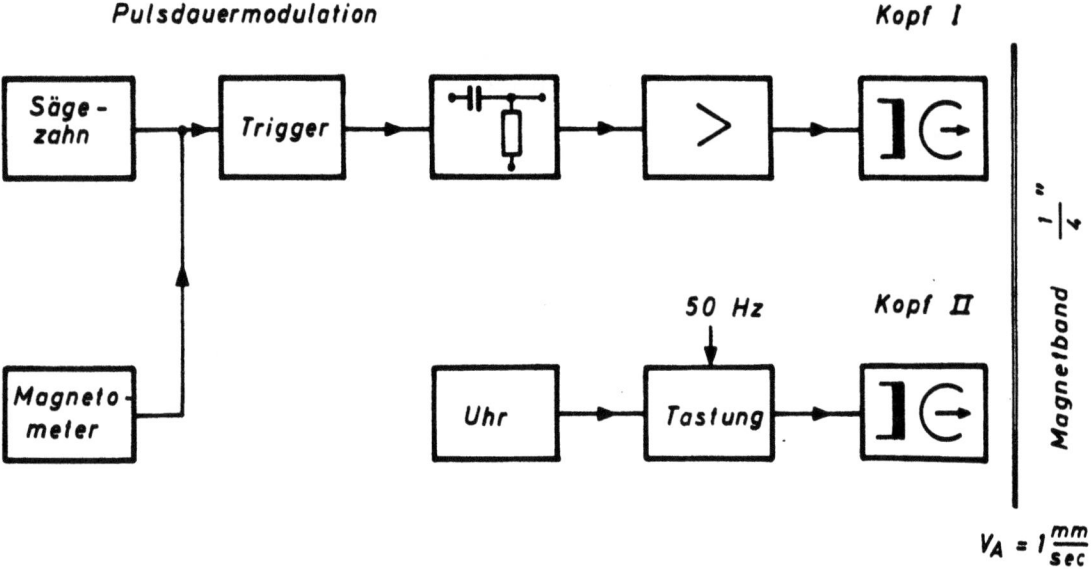

Abb. 5: Blockschaltbild der Magnetbandaufzeichnung

5. Automatische Frequenzanalyse

5.1 Prinzip der Analyse

5.11 Aufgabenstellung

Eine Durchsicht von Pulsationsregistrierungen der beschriebenen Anordnung zeigt, daß die Mehrzahl der Ereignisse 2 bis 120 sec Periode hat. Die Erscheinung mit Perioden unter 10 sec sind ziemlich selten und zeitlich eng begrenzt.

Werden die Pulsationen als Ausdruck bestimmter Vorgänge in der Magnetosphäre und Ionosphäre angesehen, so sollte besonders ihr Frequenzverhalten Aufschluß über die Art dieser Vorgänge liefern. Es wird daher eine Darstellung der Pulsationen in einem Frequenz-Zeit-Diagramm gewünscht, in dem die Frequenzskala normal 0,01 - 0,1 Hz und in Einzelfällen 0,1 - 1 Hz umfaßt. Diese Darstellung im Frequenz-Zeit-Diagramm wird im amerikanischen Sprachgebrauch Sonagramm genannt.

Um das umfangreiche Beobachtungsmaterial einfach bearbeiten zu können, soll die Analyse automatisiert sein.

5.12 Sonagrammanalyse

Auf Magnetband aufgezeichnete Pulsationen werden durch hohe Wiedergabegeschwindigkeit in den Tonfrequenzbereich gebracht und liegen als (reelle) Zeitfunktion X(t) vor, die ein Filter mit der Impulsantwort W(t) passiert. Ist unter Benutzung der symmetrischen Schreibweise

$$S(f) = \int_{-\infty}^{\infty} X(t) e^{-i\omega t} dt \qquad \omega = 2\pi f \qquad (17)$$

die Spektralfunktion der Pulsationen und

$$Y(f) = \int_{-\infty}^{\infty} W(t) e^{-i\omega t} dt \qquad (18)$$

die Übertragungsfunktion des Filters, so gilt im Frequenzbereich für den Ausgang

$$S_1(f, f_o) = Y(f, f_o) S(f) \qquad (19)$$

$Y(f, f_o)$ sei die Übergangsfunktion eines variablen Filters mit

$$Y(f, f_o) = \text{const} \neq 0 \quad \text{nur für f mit} \quad |f_o - f| < \Delta f \text{ oder}$$
$$|-f_o - f| < \Delta f \qquad (20)$$

Wird $S(f)$ durch Gleichung (17) näherungsweise aus endlichen Intervallen der Länge T berechnet, so wird dadurch $S^\Delta(f)$ definiert. $S^\Delta(f, \vartheta)$ kann langsam mit der Zeit ϑ variieren, und auch $S_1^\Delta(f, f_o, \vartheta)$ ist eine langsame Funktion der Zeit ϑ. Die schnelle Zeitabhängigkeit der Funktion X wird durch X(t) beschrieben.

Im Zeitbereich ist mit (20) nach dem Filterdurchgang

$$X_1^\Delta(t, f_o, \vartheta) = 2 \text{Re} \int_{f_o - \Delta f}^{f_o + \Delta f} S_1^\Delta(f, f_o, \vartheta) e^{i\omega t} df \qquad (21)$$

Durch Bildung des Betrages und Mittelung über die Zeit T ergibt sich

$$A(f_o, \vartheta) = \frac{1}{T} \int_{-T}^{0} |X_1^\Delta(t, f_o, \vartheta)| \, dt \qquad (22)$$

Die letzten beiden Operationen werden physikalisch durch Gleichrichtung und Glättung mit einem RC-Glied ausgeführt. Die Funktion $A(f_o, \vartheta)$ wird durch Schwärzung in der ϑ-f_o-Ebene dargestellt.

Zwei Grenzfälle sollen die Zusammenhänge erläutern.

a) $S(f)$ ist die symmetrische δ-Distribution. T kann gegen ∞ gehen, und X_1 wird zur cos-Funktion, wenn die Frequenz im Durchlaßbereich des Filters liegt. $A(f_o, \vartheta)$ ist für dieses f_o konstant $2/\pi$, sonst gleich Null.

b) $S_1^\Delta(f, f_o, \vartheta)$ ist im Filterintervall konstant $S_1^\Delta(f_o, \vartheta)$. Auch dann ist die Integration (21) leicht ausführbar und liefert

$$X_1^\Delta(t, f_o, \vartheta) = 4\cos\omega_o t \, \frac{\sin \Delta \omega t}{\Delta \omega t} \, \Delta f \, \operatorname{Re} S_1^\Delta(f_o, \vartheta) \qquad (23)$$

Bei der nachfolgenden Integration über t macht sich gegenüber einer monochromatischen Welle der Gewichtsfaktor $g(t) = \sin \Delta \omega t / \Delta \omega t$ bemerkbar. Soll $A(f_o, \vartheta)$ auch in diesem Falle noch ein annäherndes Maß für das Frequenzverhalten sein, so darf $g(t)$ das Hauptmaximum nicht verlassen, also die Ungleichung

$$|\Delta \omega t| < \pi \qquad (-T \leq t \leq 0) \qquad (24)$$

nicht verletzt werden. Die Gleichung (23) beschreibt den ungünstigsten Fall - das sind die kürzesten Wellenzüge -, der noch zu einer guten Frequenzschätzung führt. Durch Wahl von $\Delta\omega/\omega_o \approx 0,05$ wird diese Grenze bei Wellenzügen mit 10 Schwingungen gesetzt. Für die Berechnung von $S^\Delta(f)$ aus (17) soll T möglichst groß sein, so daß sich mit Ungleichung (24) ein Anhalt für T ergibt:

$$T \approx \frac{10}{f_o} \qquad (25)$$

Aus den Gleichungen (22) und (25) wird ersichtlich, daß die Anzeige den Ereignissen bis zu 10 Perioden nachläuft. Dieser Punkt ist bei der Betrachtung der Frequenz-Zeit-Diagramme zu beachten.

5.2 Aufbau der Anlage

5.21 Wiedergabebandgerät

Im Blockschaltbild (Abb. 6) der Anlage gehören Bandgerät, Verstärker und Demodulator für beide Spuren zur Wiedergabe. Wesentlich ist nur die Bandgeschwindigkeit $V_w = 1520 \text{ mm sec}^{-1}$, die zusammen mit der Aufnahmegeschwindigkeit eine Frequenztransponierung

$$r = \frac{V_w}{V_A} = 1520 \qquad \text{bewirkt.} \qquad (26)$$

5.22 Bandfilter

Bei der Untersuchung der Bedingungen für das Filter und die Integration in 5.12 wurde eine konstante relative Bandbreite $2\Delta\omega/\omega_o \approx 10\%$ verlangt. Werden Filterkurven dieser Bandbreite in einem Intervall von 12 bis 180 Hz logarithmisch angeordnet, so ergeben 40 Kurven eine angemessene Überdeckung (Abb. 7). Durch ein zweifaches Doppel-T-Filter (VALLEY and WALLMAN, 1948, p. 384 ff.) mit 6 Stufenpotentiometern wurden die Durchlaßkurven nach Abb. 8 aufgebaut.

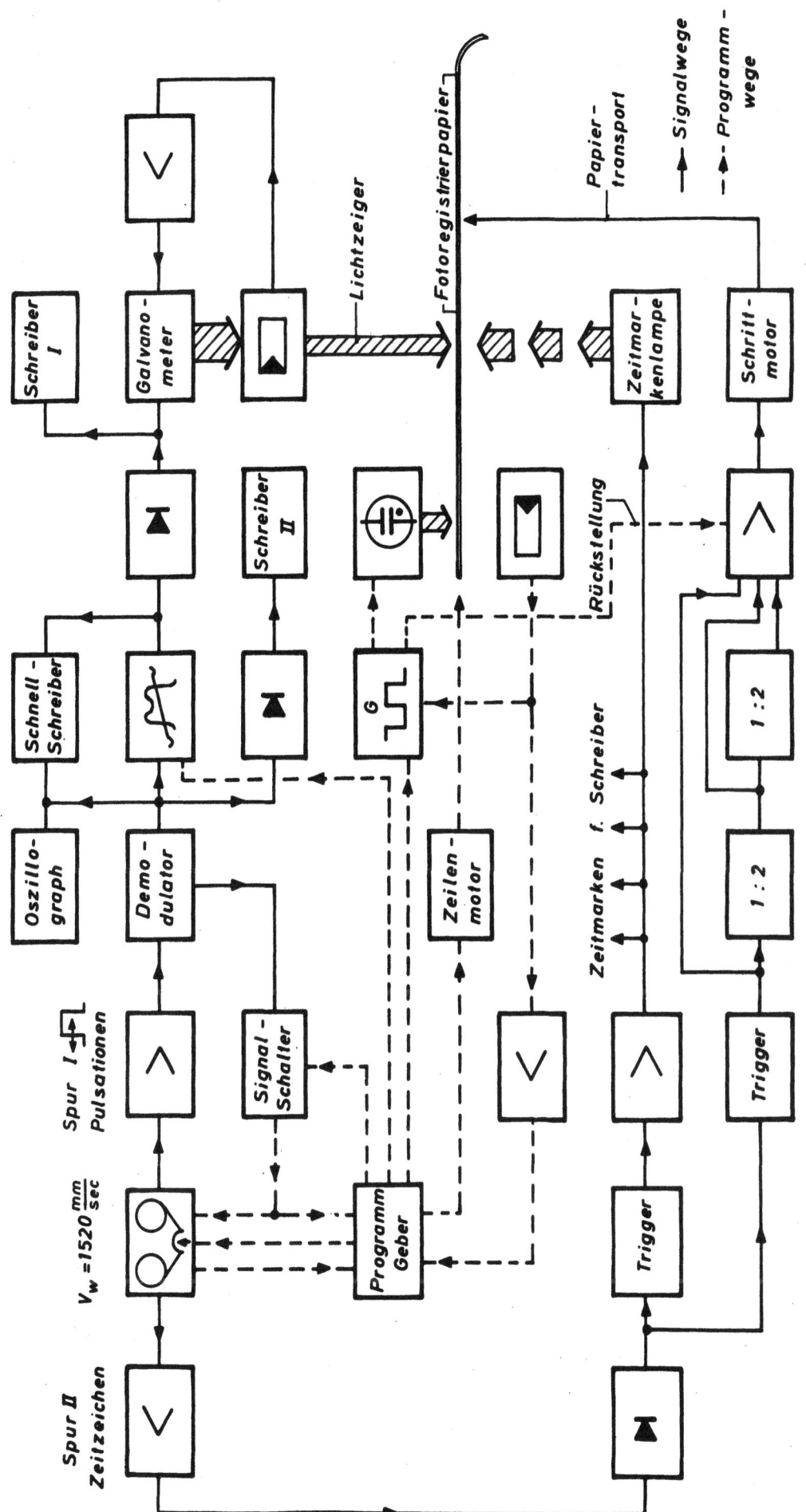

Abb. 6: Blockschaltbild des Sonagraphen

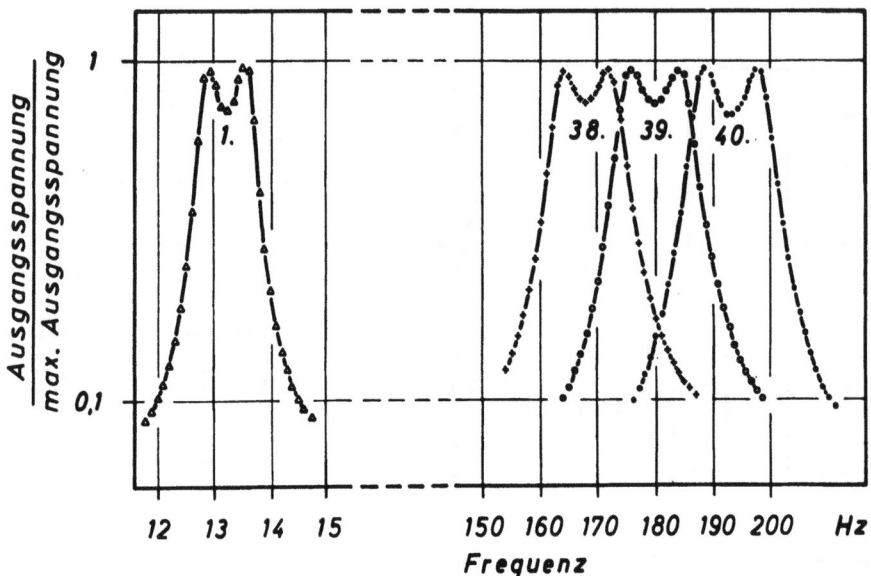

Abb. 7: Anordnung der Filterkurven

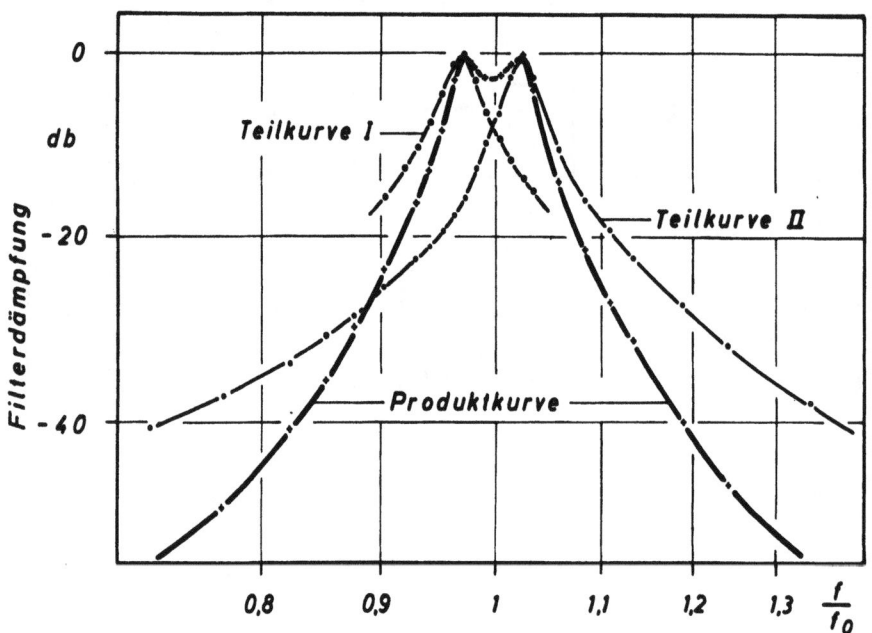

Abb. 8: Aufbau der Filterkurve

5.23 Aufzeichnung von $A(f_o, \vartheta)$

Am Ausgang des Gleichrichters erscheint als Spannung $A(f_o, \vartheta)$, die mit einem Galvanometer in Regelschaltung in Helligkeitsschwankungen umgesetzt und dann photographisch registriert wird. Während der Aufzeichnung bei festem f_o wird durch Zeitzeichen auf Spur II des Magnetbandes das Fotopapier in ϑ-Richtung synchron mit dem Band transportiert.

5.24 Programm der Anlage

Endet nach dem Durchlauf des Bandes, das auf 600 m eine Woche Pulsationsregistrierung enthält, die Modulation, so wird über einen Signalschalter der Rücklauf des Bandes eingeleitet. Gleichzeitig verstellt der Programmgeber die Mittenfrequenz f_o des Filters, verschiebt durch einen Zeilenmotor das Fotopapier in f_o-Richtung und veranlaßt die Rückstellung des Papiers bis zu einer gestanzten Anfangsmarke. Nach erfolgter Rückstellung von Band und Papier erhält das Bandgerät durch den Programmgeber ein erneutes Startzeichen. In ungefähr 12 Stunden folgen so die 40 Durchläufe aufeinander.

5.3 Erweiterungen der Anlage

Ergänzt wird die Anlage durch mehrere Schreiber, die nach Wunsch Pulsationen, gefilterte Pulsationen, Pulsationsaktivität und $A(f_o, \vartheta)$ schreiben können. Ist der gewählte Periodenbereich von 8 bis 120 sec für einzelne Pulsationserscheinungen nicht geeignet, so ist der Bereich durch eine Überspielung des Bandes vor der Analyse praktisch beliebig verschiebbar. Mit Untersetzern im Zeitzeichenweg ist auch der Zeitmaßstab von 1,5 bis 6 cm/h einzustellen.

5.4 Sonagrammbeispiele

Die Magnetometeranordnung wurde vom 17.7. - 7.10.1964 in Kiruna, im Mai und Juni 1965 in Holzerode bei Göttingen und vom 29.7. - 19.9.1965 wieder in Kiruna zur Registrierung der X-(Nord-)Komponente der erdmagnetischen Pulsationen eingesetzt.

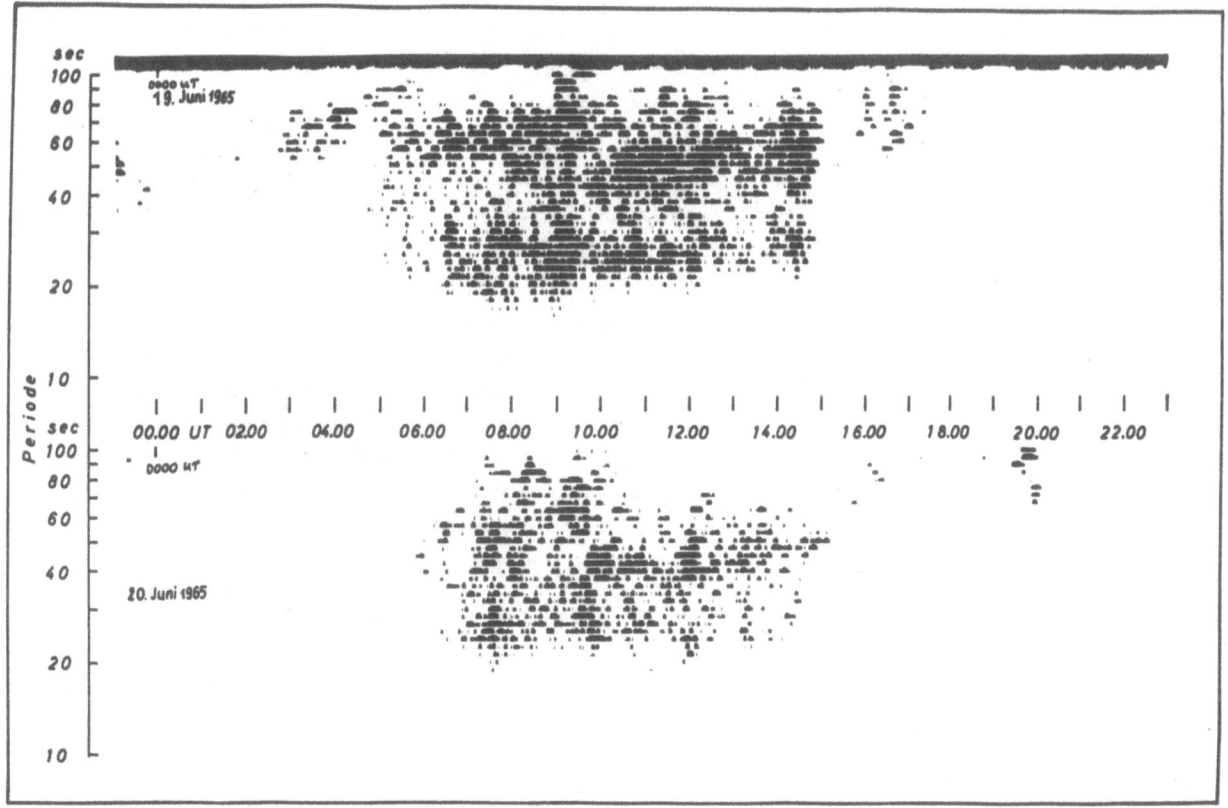

Abb. 9: Sonagramme der Pulsationsregistrierung in Holzerode bei Göttingen

Die Monate Mai und Juni 1965 sind übersichtsmäßig mit einem Zeitmaßstab von 1,5 cm/h ausgewertet worden. Abb. 9 zeigt als Beispiele an aufeinanderfolgenden Tagen Pulsationen der Typen pc 3 und pc 4 (zur Def. vgl. Tabelle in der Einleitung).

Die Sonagramme lassen deutlich mehrere Frequenzbänder über- und nacheinander erkennen. Das Bild hat sich von Tag zu Tag nur wenig geändert, wie auch die angrenzenden Registrierungen vom 18.6. und 21.6.1965 bestätigen. Eine gemeinsame Darstellung von Sonagramm und Papierregistrierung ist schwierig, weil der erforderliche Zeitmaßstab sehr unterschiedlich ist. Ausschnittsweise sind beide Darstellungsarten in den Abbildungen 22 und 32 gegenübergestellt.

6. Vergleich von Pulsationsregistrierungen mit Bremsstrahlungsmessungen

Das Hauptanliegen dieser Pulsationsregistrierung war ein Vergleich mit gleichzeitigen Messungen der Röntgenstrahlung in der Stratosphäre. Die Ballontechnik und die Strahlungsdetektoren sind von PFOTZER et al. (1962), PFOTZER (1965) und KREMSER et al. (1965) beschrieben worden. In dem letzten Bericht sind zugleich die Ballonmessungen aus dem Jahre 1964 wiedergegeben. Die Aufstiege des Jahres 1965 sind von EHMERT et al. (1966) veröffentlicht.

6.1 Beobachtungen von Elektronenbremsstrahlung und Pulsationen

Nachdem in der Polarlichtzone in großen Höhen mit Raketen Röntgenstrahlung gemessen (VAN ALLEN, 1955) und als Bremsstrahlung einfallender Elektronen interpretiert worden ist, zeigten Messungen mit Ballondetektoren, daß über einem Untergrund die Röntgenstrahlung in Ausbrüchen erscheint (z. B. ANDERSON, 1958; WINCKLER et al., 1959; BROWN, 1961; PFOTZER et al., 1962). Da ein Zusammenhang zwischen erdmagnetischen Pulsationen, pulsierendem Polarlicht und ionosphärischer Absorption (cosmic noise absorption, CNA) einerseits (CAMPBELL, 1960a, 1960b; CAMPBELL and LEINBACH, 1961; VICTOR, 1965; WRIGHT and LOKKEN, 1965), zwischen CNA und Röntgenstrahlungsausbrüchen andererseits festgestellt wurde (WINCKLER et al., 1959), lag es nahe, einen direkten Zusammenhang zwischen Bremsstrahlung und Pulsationen des Erdfeldes zu suchen. ANDERSON (1960) stellte bei Ausbrüchen, die größtenteils am Tage gemessen worden sind, keinen eindeutigen Zusammenhang fest. Während eines Strahlungsausbruchs in der Nacht wurde dagegen ein Pulsationssturm beobachtet (CAMPBELL, 1961, 1962; CAMPBELL and MATSUSHITA, 1962). Ebenso ist von BROWN und CAMPBELL (1962) am 25.6.1961 ein Pulsationssturm gegen Ende eines Bremsstrahlungsausbruchs registriert worden. In einer umfangreichen Arbeit hat CAMPBELL (1963) 15 Ereignisse behandelt und findet bei einer Bewertung der zeitlichen Übereinstimmung von Strahlung und Pulsationen von 0 bis 6 Kennziffern zwischen 1 und 6. YANAGIHARA (1963) fand in der Nacht einen sehr engen Zusammenhang zwischen Pulsationsausbrüchen und negativen erdmagnetischen bay-Störungen.

Mehrere Autoren (ANGER et al., 1963; EVANS, 1963; BROWN, 1964; BARCUS and CHRISTENSEN, 1965; PFOTZER and EHMERT, 1965; BROWN et al., 1965) haben auf pulsierende Elektronenausfällungen und CNA hingewiesen. Eine 1-1-Korrelation mit magnetischen Pulsationen wurde nicht gefunden, wohl aber ein Anwachsen der Pulsationsaktivität zu Zeiten der Bremsstrahlung.

6.2 Beobachtungen in Kiruna

6.21 Gemeinsames Auftreten von Pulsationen und Bremsstrahlung

Die zweifellos bestehenden Zusammenhänge lassen es sinnvoll erscheinen, an weiteren Ereignissen ihren Ablauf zu verfolgen.

Zunächst soll versucht werden, das unübersichtliche Beobachtungsmaterial zu ordnen. Viele Beispiele der Messungen in Kiruna zeigen, daß der Unterschied zwischen Tag- und Nachtereignissen sehr ausgeprägt ist. In Abb. 10 ist das zeitliche Zusammentreffen von Pulsationsstürmen und CNA bewertet. Ereignisse mit guter Übereinstimmung tragen zur geschwärzten Fläche bei, wogegen die mit schlechter Übereinstimmung durch helle bzw. dunkle Punkte dargestellt sind. Bevor auf die Abbildung weiter eingegangen wird, soll anhand der Abbildungen 11 a-e eine Erläuterung der Definition von guter Übereinstimmung gegeben werden. Ebenso sollen die Abbildungen 12 c und d schlechte Übereinstimmung erklären. Gute Übereinstimmung drückt sich in Abb. 11 durch etwa gleichzeitige Röntgenstrahlung, CNA und Sturmpulsationen aus. Gewöhnlich werden diese Ereignisse von einer negativen bay-Störung der X-Komponente des Erdfeldes begleitet. Die Pulsationsaktivität bevorzugt die Flanken der Strahlungskurven. Bei den Bildern c und d ist zu beachten, daß die Ballone zu Beginn der Ausbrüche ihre Gipfelhöhe noch nicht erreicht hatten.

Ein Anzeichen schlechter Übereinstimmung (Abb. 12 c, d) ist das Vorhandensein von unregelmäßiger Pulsationsaktivität und von Bremsstrahlungsausbrüchen, ohne daß ein gleichzeitiger Beginn von Pulsationen und Strahlung festgestellt werden kann.

Kehren wir zur Abb. 10 zurück, so fällt auf, daß die Ereignisse mit guter bzw. schlechter Übereinstimmung deutlich zwei tageszeitlich verschobene Gruppen bilden.

Nicht alle Beobachtungen lassen sich den beiden Gruppen zuordnen. Bild 12 a gibt ein Beispiel für Strahlung ohne nennenswerte Pulsationsaktivität und 12 b für das Umgekehrte. Fehlende Bremsstrahlung

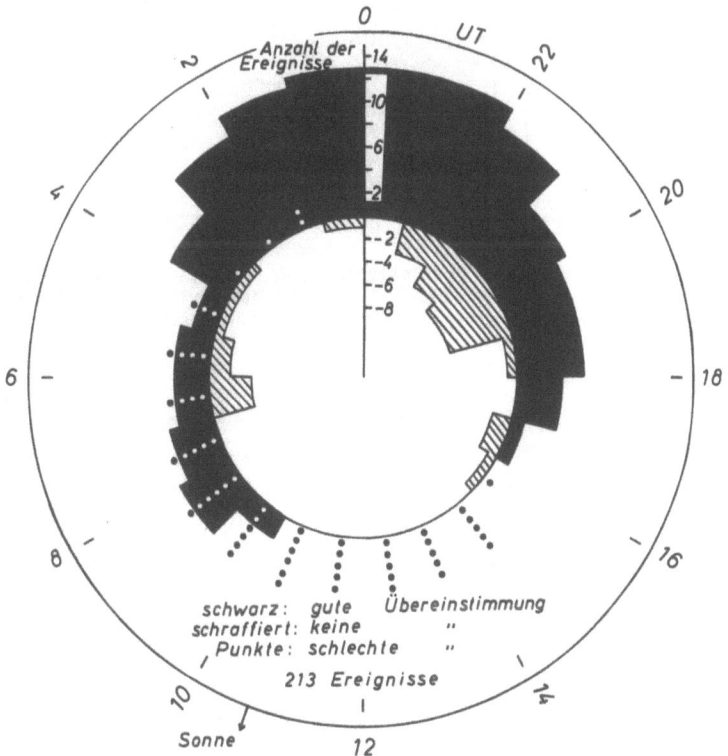

Abb. 10: Pulsationsaktivität und CNA

6.2   - 20 -

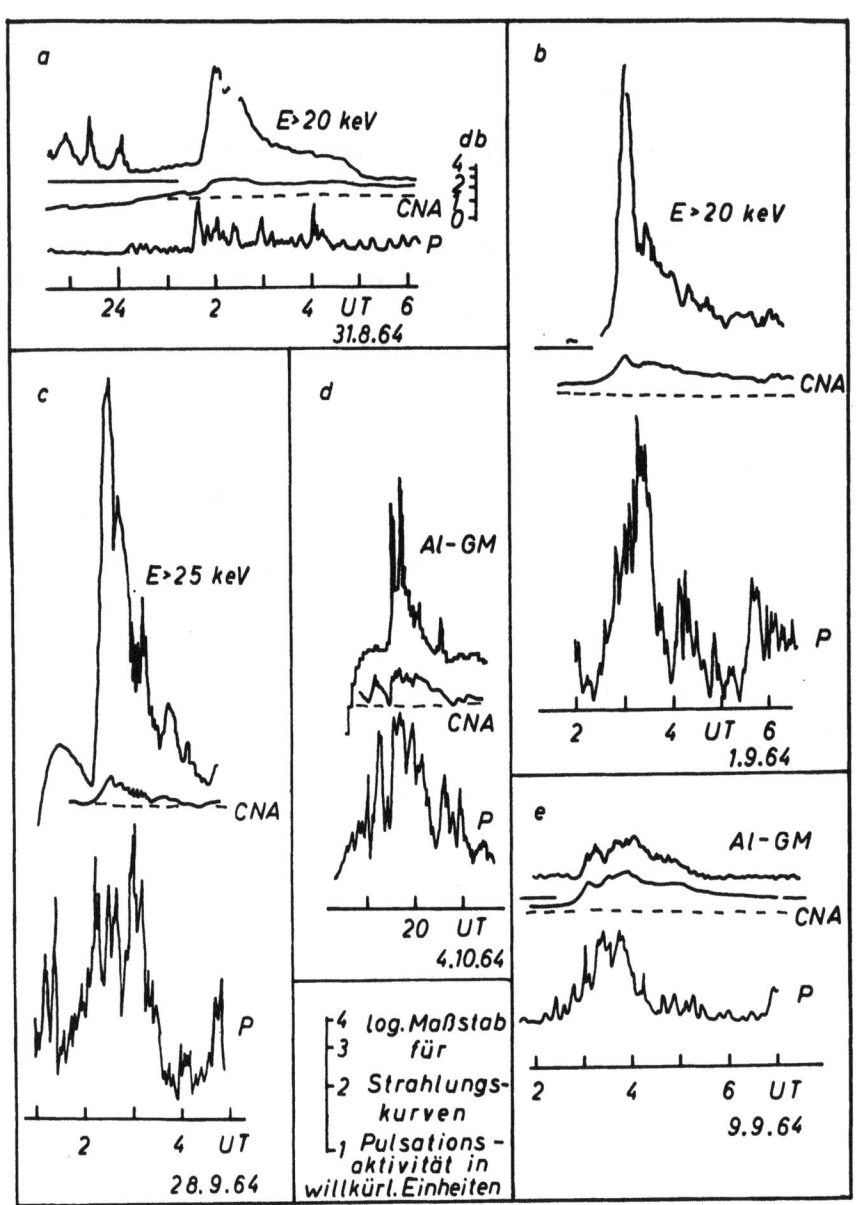

Abb. 11: Pulsationsaktivität und Bremsstrahlung I. Die Pulsationsaktivität wurde mit Schreiber II der Abbildung 6 geschrieben und durch P gekennzeichnet. Die Ereignisse a bis e zeigen gute Übereinstimmung.

bei Pulsationsaktivität könnte durch die kleineren Einzugsbereiche der Strahlungsdetektoren und der Riometerantenne[+], verglichen mit den Magnetometern, vorgetäuscht werden. Da für den umgekehrten Fall diese Erklärung versagt, wurden in der Abbildung 10 alle Ereignisse ohne Übereinstimmung schraffiert angedeutet. Das entstandene Bild läßt einen eindeutigen Zusammenhang nur in den Stunden nach Mitternacht erwarten, wohingegen die Verhältnisse in den Morgenstunden besonders komplex sind.

Während der Beobachtungszeit stiegen die Kennziffern K_p nur vereinzelt über 5.

Hier soll noch erwähnt und mit Abb. 12 e belegt werden, daß in den Morgenstunden ebenfalls Pulsationen vom Typ pc 3 auftreten, die von den Strahlungsereignissen weitgehend unabhängig scheinen.

[+] Das Riometer (relative ionospheric opacity meter) mißt CNA.

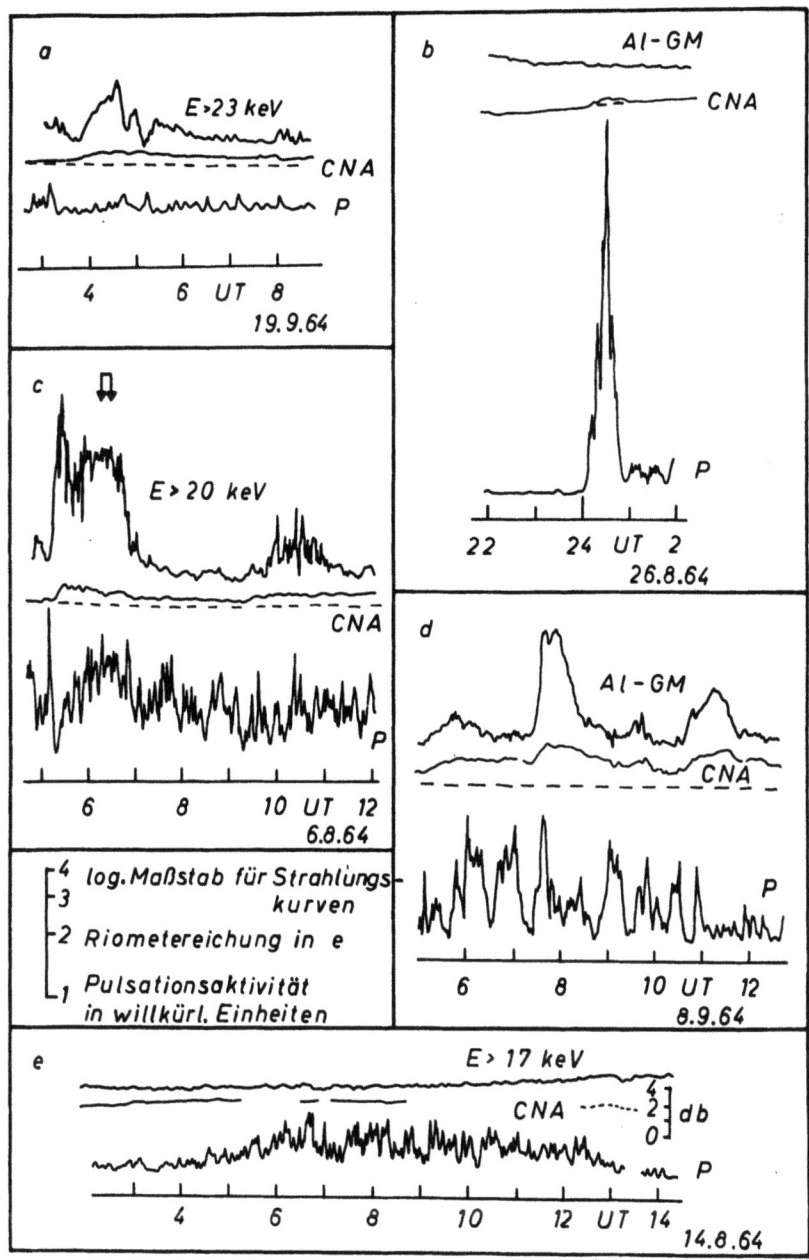

Abb. 12: Pulsationsaktivität und Bremsstrahlung II. Die Ereignisse a und b zeigen keine, c und d schlechte Übereinstimmung. Bild e stellt pc 3-Aktivität dar.

6.22 Ereignisse der Nachtseite

Aus der Gruppe mit guter Übereinstimmung sollen in den Abbildungen 13 und 14 zwei Beispiele zusammen mit den Sonagrammen gezeigt werden.

Während des Strahlungsausbruchs am 20.7. 1964 haben die Pulsationen ein breites Spektrum, sind aber parallel zu den Strahlungsmaxima gegliedert. In die Abbildung 13 wurde auch die Pulsationsaktivität eingezeichnet, um deutlich zu machen, daß die größte Pulsationsaktivität an den Strahlungsflanken

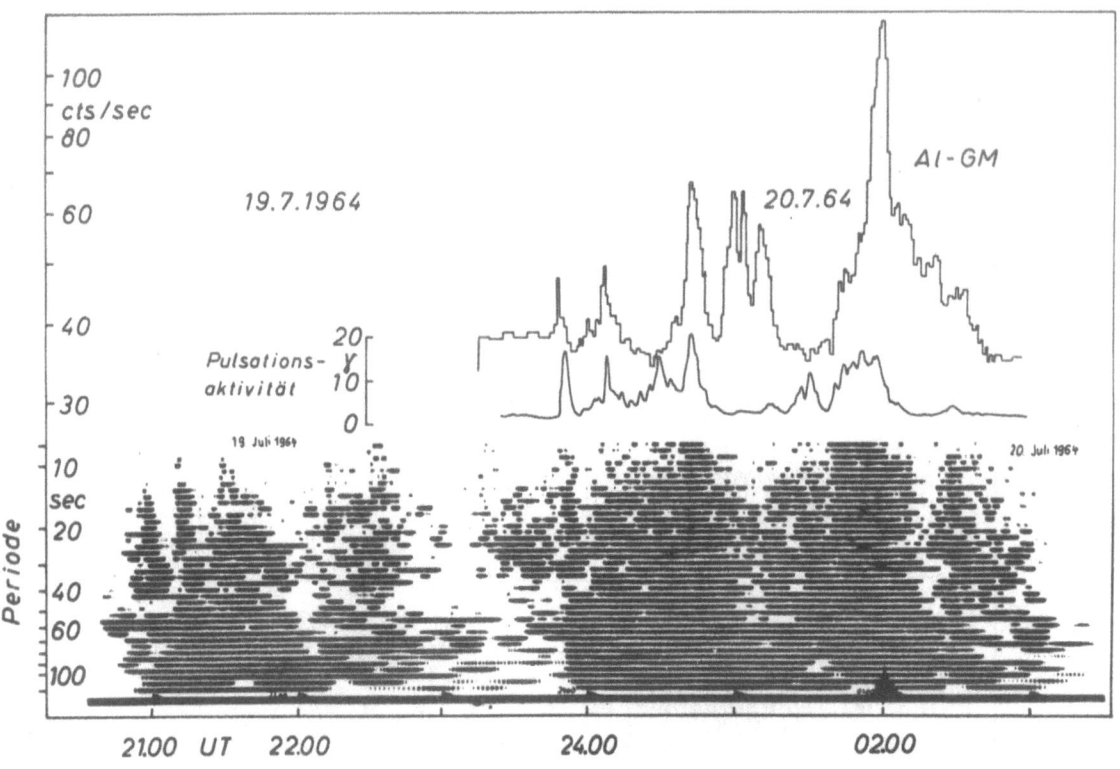

Abb. 13: Sonagramm und Zählrate eines Geiger-Müller-Zählrohres in der Nacht vom 19.7. zum 20.7.64

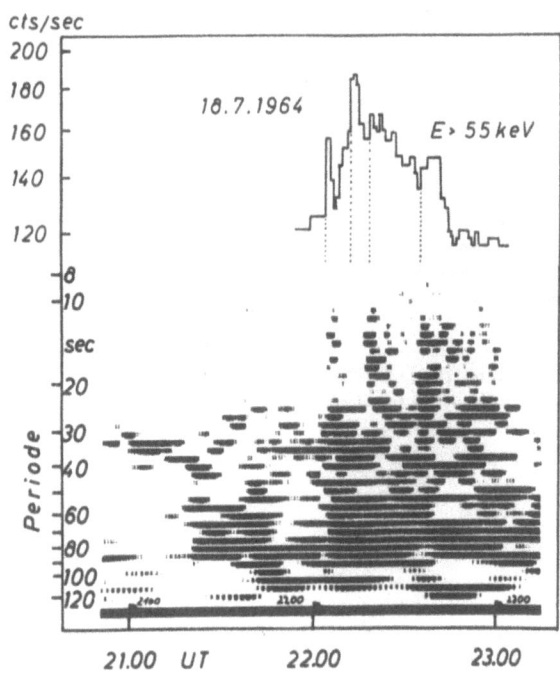

Abb. 14: Ereignis vom 18.7.1964, 22.00 UT. 55 keV-Kanal eines Szintillationszählers und Sonagramm der erdmagnetischen Pulsationen.

herrscht. Noch deutlicher sind die Pulsationseinsätze in verschiedenen Frequenzen bei dem schwachen Ausbruch am 18.7.1964 (Abb. 14).

Für diese Gruppe läßt sich demnach eine sehr enge zeitliche Kopplung nachweisen, obwohl besonders die mittleren Maxima der Abbildung 13 zeigen, daß die Zusammenhänge nicht immer gleich sind. Die genannten Maxima prägen sich auch in der Riometerregistrierung wenig aus.

Auch das letzte Ereignis in Abb. 15 gehört in die behandelte Gruppe; die Erscheinungen vor 20.00 UT dagegen zeigen keine Übereinstimmung, aber ein schönes Beispiel eines mehrfach beobachteten Vorläufers.

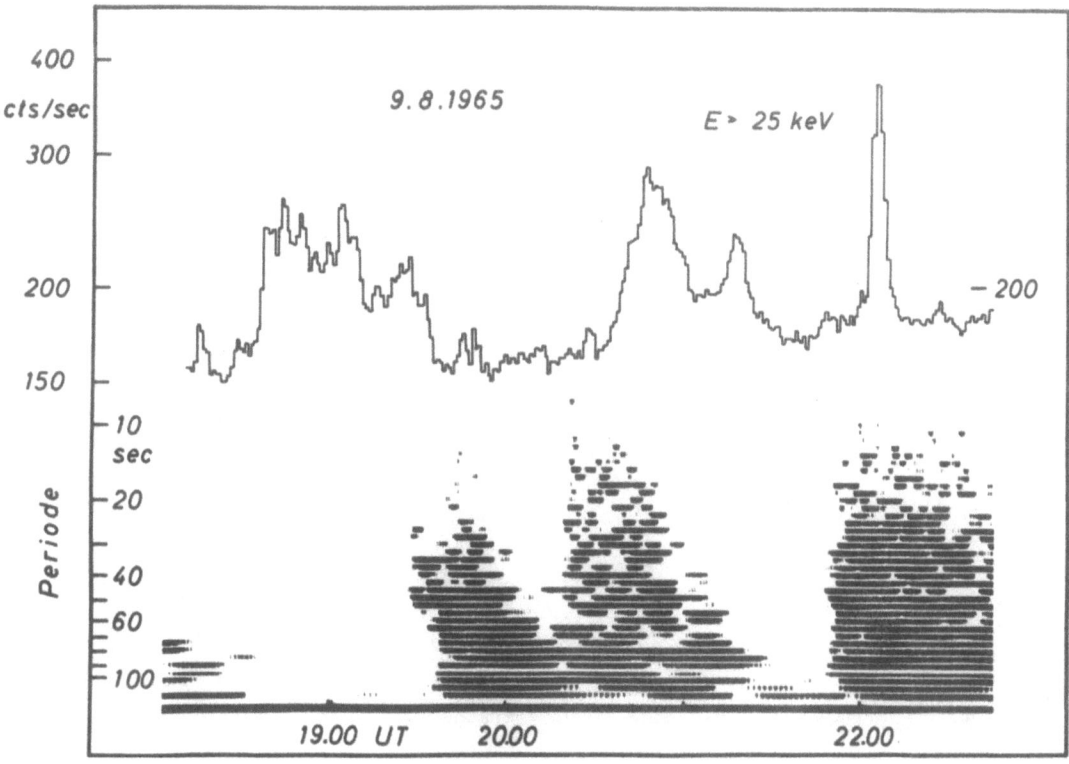

Abb. 15: Sonagramm mit "Vorläufer" um 19.30 UT

6.23 Einige Einzelbeobachtungen

Einen Eindruck von dem Grad der Kopplung vermitteln auch die Abbildungen 16 und 17, die beide pi 2 (pt)-artige Pulsationen zusammen mit kurzen, kräftigen Bremsstrahlungserhöhungen zeigen.

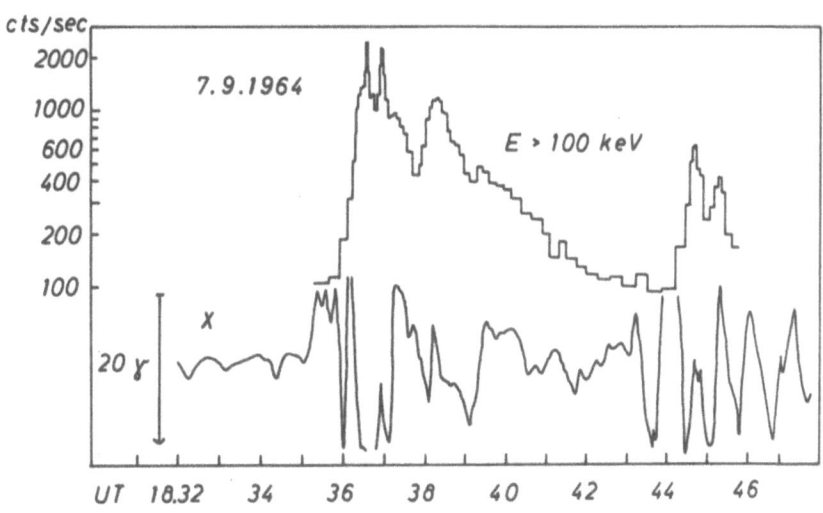

Abb. 16: Ereignis vom 7.9.1964. Die Zählrate eines Szintillationszählers mit der Papierregistrierung der erdmagnetischen Pulsationen.

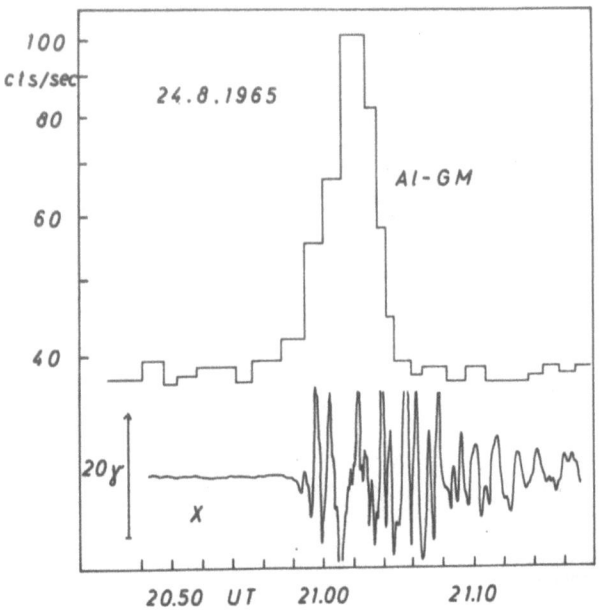

Abb. 17: Ereignis vom 24.8.1965

Ähnlich ist die Ereignisfolge am 18.7.1964 (Abb. 18) und an 6 weiteren Tagen: Pulsationen mit großen Amplituden leiten einen Strahlungseinbruch ein und nehmen während des Strahlungsmaximums stark ab. Um 22.01 UT am 18.7.1964 wird aus Wingst eine pt-Störung gemeldet (Ionosphären-Bericht, 1964).

Vereinzelt traten quasi-periodische Strahlungsausfällungen auf, die große Ähnlichkeiten mit den Pulsationen hatten.

Auf der Rückseite des starken Strahlungseinbruchs aus Abb. 11c ereigneten sich die regelmäßigen Strahlungsschwankungen der Abb. 19. Das Riometer zeigt die gleichen Perioden, und besonders die mittleren drei Spitzen spiegeln sich auch in der Pulsationsregistrierung wieder.

Die Pfeile in Abb. 12c deuten auf eine interessante Stelle hin, die vergrößert in Abb. 20 erscheint.

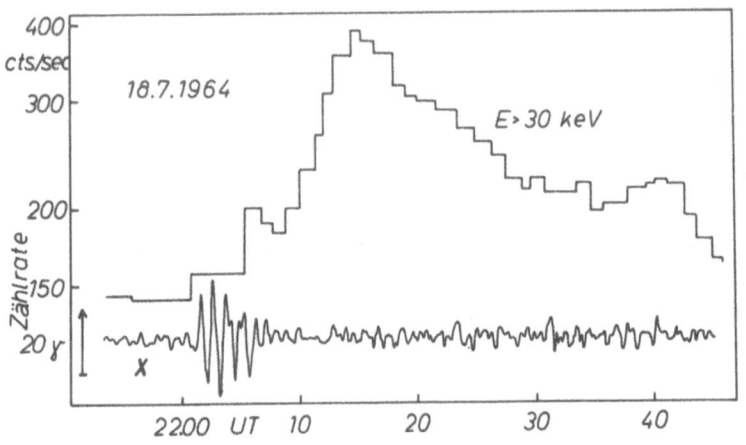

Abb. 18: Ereignis vom 18.7.1964

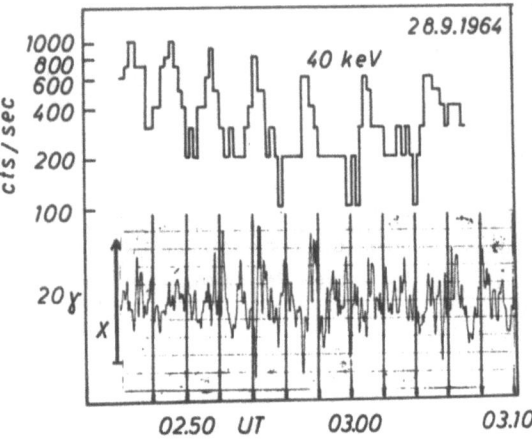

Abb. 19: Quasi-periodische Elektronenausfällungen mit Pulsationen (I). Die Pulsationen werden durch einen Ausschnitt der Papierregistrierung wiedergegeben.

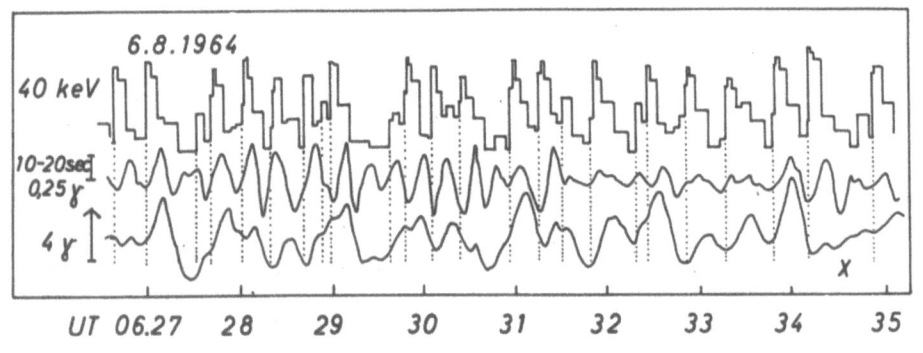

Abb. 20: Quasi-periodische Elektronenausfällungen mit Pulsationen (II). Die Abbildung ist ein Ausschnitt eines längeren Ereignisses. Beide Pulsationsspuren sind nach der Magnetbandaufzeichnung gezeichnet. Die mittlere Spur wurde gefiltert.

Neben der Zählrate des 40 keV-Kanals eines Szintillationszählers und der Pulsationsregistrierung sind in der zweiten Spur die gefilterten Pulsationen von 10 bis 20 sec mit größerer Empfindlichkeit wiedergegeben. Ausdrücklich sei auf die beiden Lücken um $06^h27^m20^s$ und $06^h29^m20^s$, sowie auf die dichte Folge der Strahlungsspitzen in den Intervallen $27^m30^s - 29^m10^s$ und $29^m30^s - 30^m30^s$ hingewiesen, die sich im gefilterten Kanal wiederfinden. Ab 06.32 UT vergrößern sich die Abstände der Ausbrüche, und auch die Pulsationen ändern ihre Periode, denn sie erscheinen nur noch im ungefilterten Kanal.

Soweit das geringe Beobachtungsmaterial den Schluß zuläßt, sind diese detaillierten Übereinstimmungen auf die Morgenstunden beschränkt. Dies wird bestätigt durch die Beobachtungen von WRIGHT und LOKKEN (1965), die eine Koinzidenz zwischen Polarlichtschwankungen mit Pulsationen auf der Tagseite während der Polarnacht feststellten, und durch VICTOR (1965), der eine Spitze-für-Spitze-Korrelation zwischen pulsierendem Polarlicht und pc 3 in den Morgenstunden bemerkte.

6.24 Abnahme der Pulsationen bei Bremsstrahlung

In den vorhergehenden Abschnitten ist wiederholt erwähnt worden, daß die Pulsationen ihre größten Amplituden nicht während des Maximums der Röntgenstrahlung, sondern früher oder später annehmen. Diese Tendenz läßt sich bei Sturmpulsationen durchweg erkennen. Daß auch bei Pulsationen vom Typ pc eine Abnahme zu Zeiten erhöhter Röntgenstrahlung beobachtet wurde, soll hier durch Abb. 21 ergänzt werden.

Die Abnahme der Pulsationsaktivität bei Bremsstrahlung scheint im Einklang mit Überlegungen über die Dämpfung der Pulsationen in der Ionosphäre (z.B. AKASOFU, 1960; DUFFUS, 1960; DESSLER, 1958). Beim Einfall der Elektronen liegen erhöhte Pulsationsanregung und vermehrte Dämpfung im Widerstreit. Dafür scheint ein typischer Fall am 13.8.1964 von 05.00 bis 07.00 UT (Abb. 21) vorzuliegen.

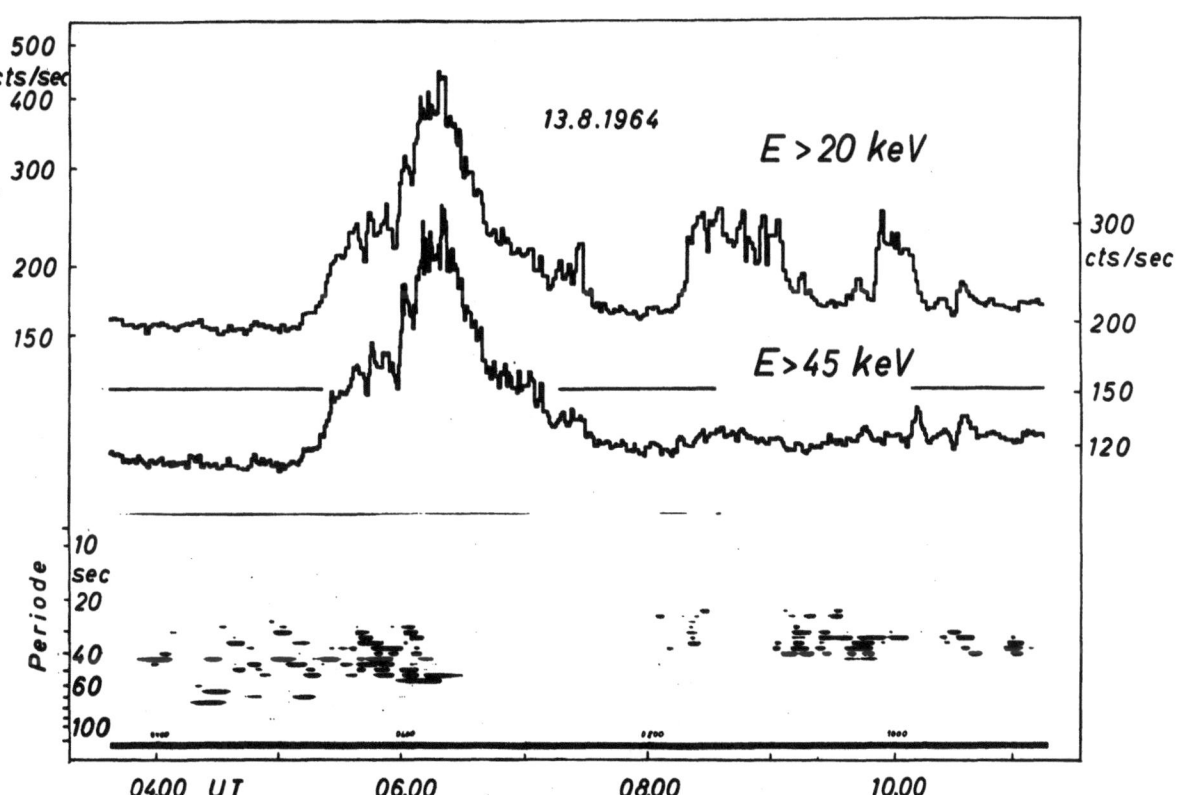

Abb. 21: Sonagramm mit Lücken im pc-Band bei erhöhter Bremsstrahlung

7. Pulsationen vom Typ pc 1

7.1 Bisherige Beobachtungen

Seit TROITSKAYA (1957) einen neuen Typ von Pulsationen beschrieben und Perlpulsationen genannt hat, sind viele Arbeiten mit unterschiedlicher Benennung dieser Pulsationen erschienen. Von den Bezeichnungen Perlpulsationen (PP) (TROITSKAYA, 1961), Typ A Oszillation (BENIOFF, 1960), hydromagnetische Emission (TEPLEY and WENTWORTH, 1962) und pc 1 (continuous pulsations 1) (JACOBS et al., 1964) soll hier die letzte verwandt werden.

pc 1 haben Perioden von 0,2 - 5 sec und zeigen einen schwebungsartigen Verlauf mit Amplituden zwischen $10^{-3}\gamma$ - 1γ (HULTQVIST, 1965). Perioden und Amplituden der pc 1 nehmen mit der geomagnetischen Breite zu (TEPLEY and WENTWORTH, 1962). Der Zusammenhang mit der allgemeinen geomagnetischen Aktivität ist lose, doch steigt die Wahrscheinlichkeit des Auftretens von pc 1 nach magnetischen Stürmen (WENTWORTH, 1964a). Ebenso wurden in niedrigen Breiten pc 1 nach ssc (storm sudden commencement) und zu Zeiten erhöhter Bremsstrahlung, nachgewiesen durch Ballonmessungen in der Polarlichtzone, beobachtet (TEPLEY and WENTWORTH, 1962).

McPHERRON und WARD (1965) berichten das Fehlen einer Korrelation zwischen pc 1 (PP) und Elektronenbremsstrahlung für hohe Breiten.

Obwohl die pc 1 in niedrigen Breiten in den Nachtstunden auftreten, schließt WENTWORTH (1964b) auf Grund ionosphärischer Dämpfung auf ein Tagesmaximum der Amplituden über der Ionosphäre.

Eine enge Verbindung der pc 1 mit PCA (polar cap absorption) erzeugenden Protonen wird angenommen (HULTQVIST, 1965).

Durch Sonagrammanalyse fanden TEPLEY und WENTWORTH (1962), daß viele pc 1-Ereignisse eine charakteristische Feinstruktur besitzen. Dabei läuft die Frequenz gewöhnlich mehrmals hintereinander mit der Zeit hoch. Treten pc 1 an Stationen mit unterschiedlicher Breite gleichzeitig auf, so zeigen sie ein sehr ähnliches Frequenzverhalten (TEPLEY et al., 1965).

7.2 Beobachtungen von pc 1 in den Berichtsmonaten

Die Sonagrammanalyse zeigte auch bei einigen pc 1-Ereignissen in Kiruna eine Feinstruktur mit hochlaufenden Frequenzen (Abb. 22). Die Frequenzänderung beträgt etwa 20% pro Minute.

In Abb. 23 ist für die beobachteten größeren pc 1-Ereignisse ($> 0,1\gamma$) das Auftreten einer positiven Störung der X-Komponente ($+20\gamma$ bis 200γ) des Erdfeldes und erhöhte CNA oder das Fehlen dieser Erscheinungen über der Zeit aufgetragen. Stark begrenzt durch die geringe Anzahl der Fälle, ist zu erkennen, daß zusammen mit pc 1 ($> 0,1\gamma$) fast immer CNA auftritt, eine Magnetfeldstörung aber nur gegen Mittag erwartet werden kann. Wie eng die Zusammenhänge sein können - aber nicht immer sind -, geht aus Abb. 24 hervor.

Am 17.8.1965 beginnt um 11.16 UT ein kräftiger pc 1-Ausbruch gleichzeitig mit einer positiven Störung in X, und um 11.23 folgt eine Zunahme der CNA.

Am 30.9.1964 ist auffällig das Zusammenfallen der Absorptionsspitze gegen 13.38 UT mit einer Zunahme der pc 1-Aktivität unter Erhöhung der Frequenz um 25%.

Besonders sollen nun die Ereignisse betrachtet werden, für die zusätzlich Ballonmessungen vorliegen. In der Abbildung 25 sind die Beobachtungen zusammengestellt. Daraus geht hervor, daß pc 1-Aktivität in

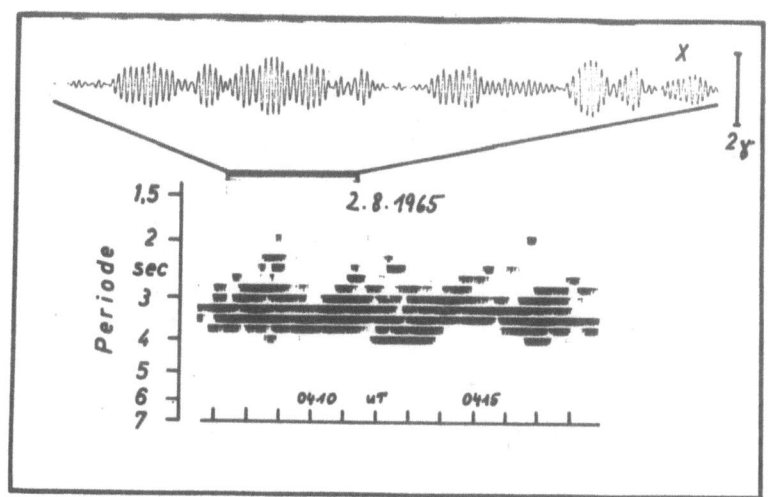

Abb. 22: pc 1-Pulsationen mit Feinstruktur

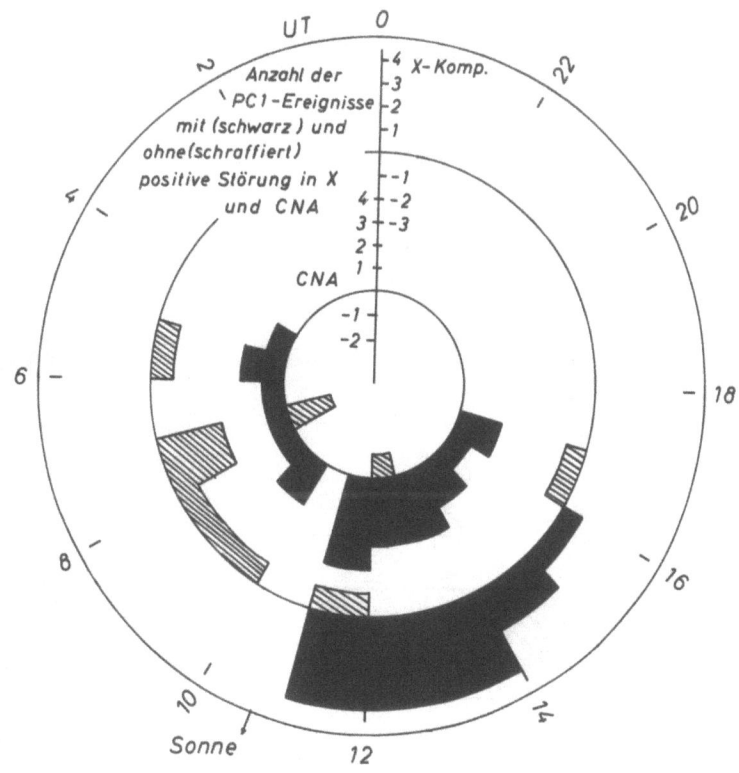

Abb. 23: pc 1-Pulsationen und CNA bzw. X-Variationen [+]

[+] Da nicht für alle Ereignisse brauchbare X- und CNA-Registrierungen vorliegen, differiert die Anzahl von X und CNA in Abb. 23 etwas.

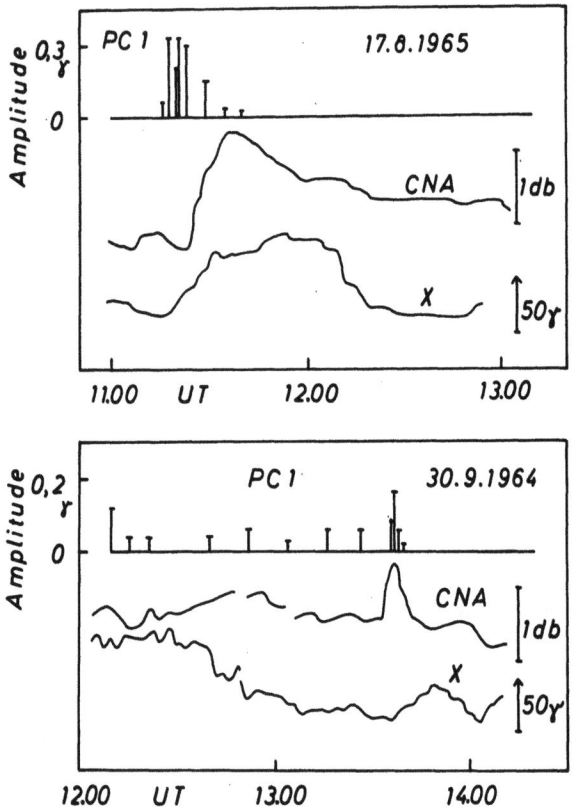

Abb. 24: pc 1-Ereignisse am 17.8.1965 und 30.9.1964

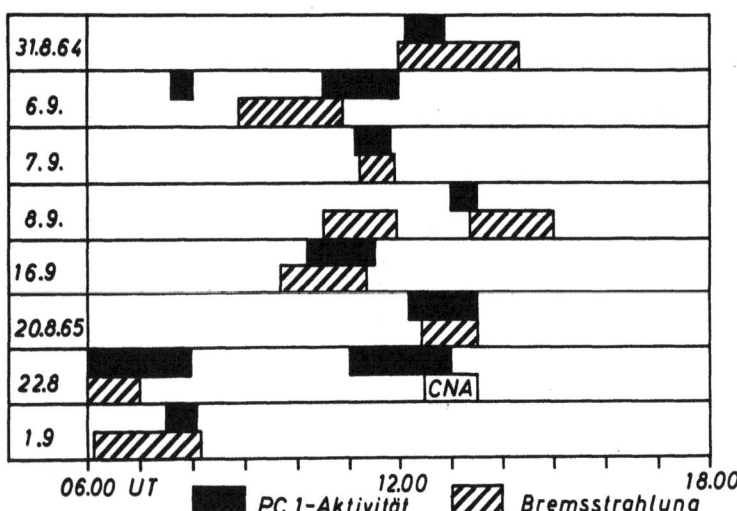

Abb. 25: pc 1 und Röntgenstrahlung in der Stratosphäre

zeitlicher Nachbarschaft von Röntgenstrahlung auftritt. Die Tendenz, daß am Vormittag die Strahlung den pc 1 vorausgeht, während sie am Nachmittag folgt, ist auch bei weiteren Ausbrüchen im Vergleich mit der Riometerregistrierung zu finden.

Das Ereignis vom 20.8.1965 ist in Abb. 26 gesondert wiedergegeben. Die Pulsationen sind durch 6 Spuren mit verschiedenen Mittenfrequenzen des Filters (vgl. Abb. 6) dargestellt. Ein Ausschnitt der pc 1 vom Magnetband befindet sich oben in der Abbildung. Die gefilterten Kurven zeigen eine deutliche Frequenzabnahme zwischen 12.40 und 12.50 UT von $\omega_1 = 1,9 \text{ sec}^{-1}$ auf $\omega_2 = 1,6 \text{ sec}^{-1}$. Die Messungen der Ballonsonde werden durch den 50 keV-Kanal eines Szintillationszählers repräsentiert. Gleichzeitig wurde Röntgenstrahlung mit E > 25 keV, E > 75 keV und E > 100 keV gemessen, so daß ein Überblick über das Spektrum möglich ist. Um das spektrale Verhalten zu zeigen, wurden die Zusatzzählraten ΔN zum Untergrund N_o durch

$$\Delta N = N - N_o \qquad (27)$$

für die einzelnen Kanäle in 5-Minuten-Abständen gebildet und durch den Quotienten

$$R = \frac{\Delta N (E > 100 \text{ keV})}{\Delta N (E > 25 \text{ keV})} \qquad (28)$$

verglichen (BEWERSDORFF et al., 1966).

Die gestrichelte Darstellung in Abb. 26 läßt etwa doppelte Werte von R während des zweiten Teils gegenüber dem ersten Teil des Ereignisses erkennen, damit anzeigend, daß die Strahlung wesentlich härter geworden ist. Ohne auf besondere Schwierigkeiten der Interpretation einzugehen (vgl. KEPPLER, 1965), wird aus den Messungen eine mittlere Photonenenergie von 30 und 60 keV für die Zeiten um 12.35 UT bzw. 13.00 UT angenommen, die auf monoenergetische Elektronen der Energie 50 und 100 keV zurückgeführt wird. Für die folgenden groben Abschätzungen wird dieses einfache Bild ausreichen.

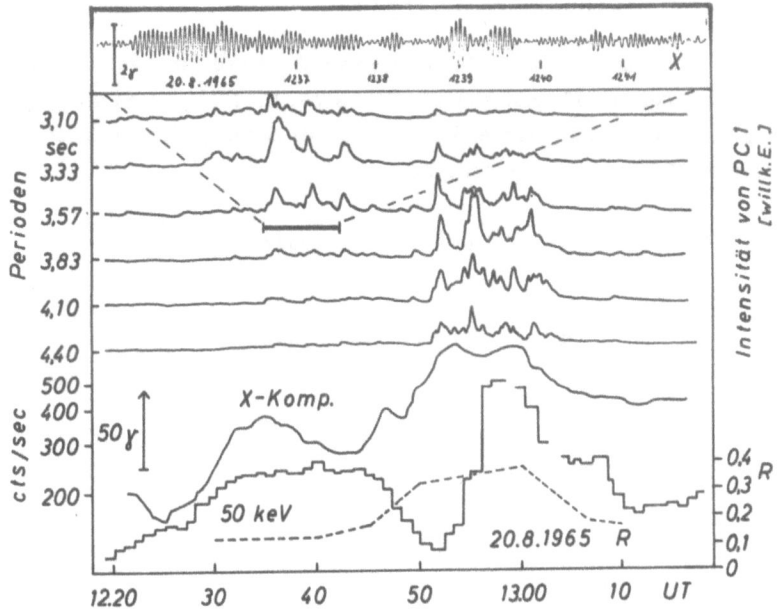

Abb. 26: Das pc 1-Ereignis vom 20.8.1965

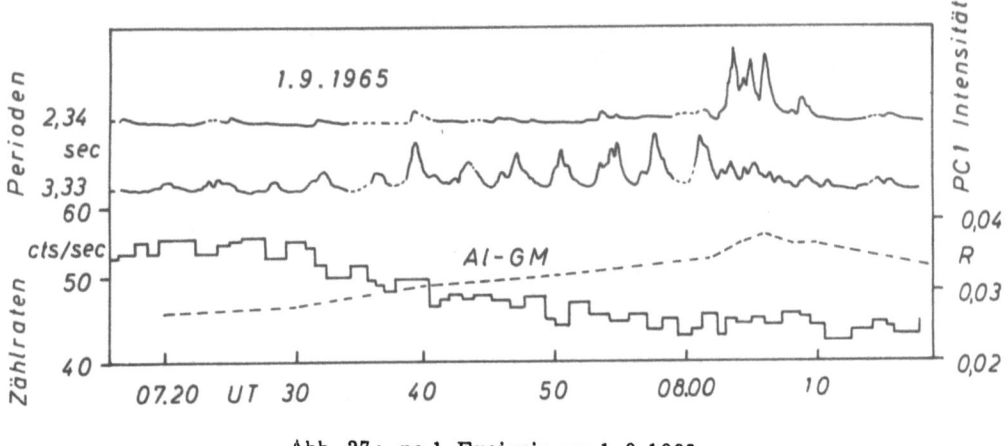

Abb. 27: pc 1-Ereignis am 1.9.1965

Zuvor soll noch eine andere Messung am 1.9.1965 besprochen werden. Von 07.30 - 08.02 UT wurde eine Periodenzunahme der pc 1 von 3,3 auf 3,7 sec und um 08.03 eine plötzliche Abnahme der Periode auf 2,3 sec zusammen mit Bremsstrahlung beobachtet (Abb. 27).

Die gezeichnete Strahlungskurve wurde mit einem Geiger-Müller-Zählrohr gemessen. Zusätzlich befand sich ein Szintillationszähler auf Gipfelhöhe, aus dessen Zählraten nach (28) R gebildet worden ist. Die Strahlung ist wesentlich weicher ($R \approx 0,03$) als am 20.8. und härtet sich gering bei der Frequenzabnahme um 08.03 UT. Eine Härtung der Strahlung begleitete demnach am 20.8.1965 eine Frequenzerniedrigung und am 1.9.1965 eine Frequenzerhöhung.

Die beschriebenen Pulsationsmessungen wurden nur in der X-Komponente ausgeführt, so daß die Polarisation nicht erfaßt werden konnte. Es ist aber bekannt (DAWSON and SUGIURA, 1963; POPE et al., 1963; POPE, 1964), daß pc 1 in der Polarlichtzone rechts bzw. links elliptisch polarisiert sind, und zwar in der Mehrzahl links. McPHERRON und WARD (1965) hingegen stellten vorwiegend eine Rechtspolarisation fest.

7.3 Deutung im Rahmen bestehender Theorien

Von den Theorien zur Erklärung der pc 1-Pulsationen wird die hydromagnetische Instabilität bei Doppler-verschobenen Gyrofrequenzen herangezogen (CORNWALL, 1965; OBAYASHI, 1965)[1]. Danach können beim Durchgang von Partikeln mit hinreichend hoher Geschwindigkeit durch ein Plasma rechts (R) bzw. links (L) polarisierte Wellen bei den Frequenzen

$$\omega = \frac{v_A}{v_{II}} \Omega_e \quad (R) \quad \text{für Elektronen und} \tag{29a}$$

$$\omega = \frac{v_A}{v_{II}} \Omega_p \quad (L) \quad \text{für Protonen} \tag{29b}$$

v_A Alfvén-Geschwindigkeit
v_{II} longitudinale Teilchengeschwindigkeit
Ω_e, Ω_p Gyrofrequenzen

angeregt werden. Die Frequenz hängt nach

$$\omega \sim L^{-4,5} \tag{30}$$

vom L-Wert (McILWAIN, 1961) der Anregungsschale ab. Für die Abschätzung soll die longitudinale Teilchengeschwindigkeit bei der Oszillation der Teilchen im Erdfeld gleich der Gesamtgeschwindigkeit und die Alfvéngeschwindigkeit ebenso wie die Gyrofrequenzen für den erdfernsten Punkt einer Feldlinie genommen sein. Die erhaltenen Frequenzen sind dann untere Grenzen der möglichen.

Zunächst soll das Ereignis am 20.8.1965 (Abb. 26) betrachtet werden. Die beobachteten Kreisfrequenzen sind

$\omega_1 \approx 1,9 \text{ sec}^{-1}$ um 07.40 UT und

$\omega_2 \approx 1,6 \text{ sec}^{-1}$ um 08.00 UT.

Die gemessene Bremsstrahlung zu diesen Zeiten rühre von Elektronen[2] mit 50 und 100 keV her. Der Ballon befand sich zur Zeit der Messung nach einer Windschätzung aus der 10 mb-Wetterkarte 200 km NW von Kiruna und damit am Fußpunkt einer Feldlinie mit einem L-Wert von etwa 6 (VENKATESAN, 1965). Für die Alfvén-Geschwindigkeit wird v_A = 500 km/sec und für das Feld

B_o = 140 γ , also für
Ω_e = $2,5 \cdot 10^4$ sec^{-1} und
Ω_p = 14 sec^{-1} angenommen.

Für 50 keV und 100 keV Elektronen und Protonen gilt dann mit (29a, b) folgende Tabelle:

ω(sec^{-1})	50 keV	100 keV	Polarisation
Elektronen	100	74	R
Protonen	2,3	1,6	L

---

[1] Weitere Erklärungen bei (JACOBS and WATANABE, 1962; TEPLEY and WENTWORTH, 1962; GENDRIN, 1963; YANAGIHARA, 1963; JACOBS and WATANABE, 1964).

[2] Die Bremsstrahlungsausbeute ist proportional m_o^{-2}, daher sind Protonen wenig wirksam.

Ein Vergleich mit den beobachteten Frequenzen spricht unter den gemachten Annahmen eindeutig für Protonen als anregende Teilchen. Da Elektronenbremsstrahlung gemessen wurde, ist zur Erklärung die Annahme von Protonen mit vergleichbarer Energie erforderlich.

Am 1.9.1965 (Abb. 27) begleitet bis 08.02 UT die Härtung der Röntgenstrahlung eine langsame Zunahme der Periode der pc 1 in Übereinstimmung mit den Ergebnissen am 20.8.65 (Abb. 26). Die markante Frequenzänderung um 08.03 UT bei anhaltender Härtung macht dagegen eine weitere Diskussion notwendig.

Als Grundlage der Diskussion soll das Magnetosphärenmodell von TAYLOR und HONES (1965) dienen. Dieses sagt auf Grund der adiabatischen Invarianten (vgl. NORTHROP and TELLER, 1960) für Teilchen des solaren Windes mit Energie $E < 1$ keV, die in die Magnetosphäre gelangen, eine Ausfällungsregion etwa entlang der Polarlichtzone, und zwar mit Energien zwischen 1 und 40 keV voraus. Die Beschleunigung geschieht durch ein elektrisches Feld quer zu den magnetischen Feldlinien bei der Drift der Teilchen. Im einzelnen liegt die Elektronenzone nördlich der Protonenzone und schwankt von der Tag- zur Nachtseite zwischen 80 und 65° geom. Breite. Die longitudinale Invariante führt zu einer bevorzugten Ausfällung von Elektronen auf der Nachtseite und von Protonen am Nachmittag mit einem schmalen Band bis in die frühen Morgenstunden. Die kinetischen Energien sind für beide Teilchenarten an der Grenzlinie der Zonen am kleinsten und steigen mit zunehmender Entfernung an. In dem Modell liegt die Grenze zwischen offenen und geschlossenen Feldlinien am Tage bei 81° und in der Nacht bei 77° Breite.

Die Autoren legen dar, daß sich für Ausgangsenergien $E > 1$ keV die genannten Zonen überlappen, weiter deuten sie an, daß nach Messungen von Injun 3 das Modell in Richtung niedrigerer Einfallzonen modifiziert werden solle.

Es scheint nun, als ob sich die Beobachtungen recht gut in diese Vorstellungen einordnen lassen:

a) Am Mittag des 20.8.1965 befand sich der Meßort südlich der Einfallzone für Elektronen. Die Härte der beobachteten Bremsstrahlung ist ein Hinweis darauf. Es folgt, daß zumindest die Elektronen ihre Energie durch einen anderen Beschleunigungsprozeß gewonnen haben müssen. Das ist nicht unwahrscheinlich, zumal HOFFMAN et al. (1962) während eines ssc außerhalb der Magnetosphäre das gleichzeitige Auftreten energiereicher Elektronen und Protonen gemessen haben. Die zunehmende Härtung der Strahlung im Verlauf des Ereignisses vom 20.8.1965 deutet auf eine weitere Verlagerung der Grenzlinie zwischen den Teilchenzonen nach Norden hin. Mit der Grenzlinie verschiebt sich die Protonenzone und, da die pc 1-Frequenz nach CORNWALL sehr empfindlich von der Anregungsschale abhängt (Gl. 30), ist eine Frequenzabnahme leicht verständlich.

b) Am 1.9.1965 geht aus der weichen Strahlung hervor, daß sich der Ballon um 08.00 UT im Überlappungsbereich von Elektronen und Protonen befindet. Die Theorie sagt allerdings eine Überquerung dieses Gebiets einige Stunden früher in der Tageszeit voraus. Die langsame Frequenzabnahme der pc 1 entspricht der Wanderung der Protonenzone nach Norden. Durch eine Störung wird diese Tendenz um 08.03 UT unterbrochen. Kurzzeitig verschiebt sich das Grenzgebiet wieder nach Süden. Die Folgen sind für einen Ort nördlich der Grenze höhere Elektronenenergien, die über die Bremsstrahlung gemessen wurden, und eine Erhöhung der pc 1-Frequenz wegen der Abnahme von L für die Protonenzone. Die Erhöhung wurde ebenfalls gemessen.

c) Abb. 23 läßt eine Häufung der pc 1 am Nachmittag erkennen, eine Beobachtung, die für Stationen der Polarlichtzonen oft gemacht wurde (z.B. McPHERRON and WARD, 1965). Die Beobachtung paßt zu der Modellvorhersage einer weiträumigen Protonenausfällung am Nachmittag.

d) Die Ergebnisse McPHERRONS und WARDS (1965) ebenso wie die eigenen Messungen zeigen eine schwache Zunahme der Periode von pc 1 während des Tages. Diese Zunahme läßt sich zwanglos durch eine Wanderung der Protonenzone nach Norden erklären.

Obwohl sich so ein Bild von den pc 1-Erscheinungen gewinnen läßt, kann nicht entschieden werden, wieweit die Frequenzänderungen durch Energieänderungen der Protonen oder durch Verschiebungen der Anregungsschale hervorgerufen werden.

Endlich kann nicht als sicher gelten, daß alle pc 1 durch Protonen angeregt sind. Mißt man der Tatsache, daß beide Polarisationsrichtungen beobachtet werden, großes Gewicht bei, so ergibt sich zwangsläufig die Vermutung sowohl einer Protonen- als auch einer Elektronenanregung.

Eine direkte Messung der Protonen und eine enge Beobachtungskette für pc 1 auf einem Nord-Süd-Profil durch die Polarlichtzone würden die Entscheidung sehr erleichtern.

8. Pulsationen mit fallenden Frequenzen

8.1 Beobachtungen von steigenden und fallenden Frequenzen

Von TROITSKAYA (1961) und DUFFUS et al. (1958) werden Pulsationsereignisse mit zeitlich veränderlicher Frequenz von 0,1 Hz bis zu einigen Hz berichtet. In magnetisch gestörten Zeiten treten vorwiegend steigende, sonst fallende Frequenzen auf. Auch TEPLEY (1961) findet fallende Frequenzen in diesem Periodenbereich. In der Feinstruktur der pc 1 sind durch TEPLEY und WENTWORTH (1962) weitere Beispiele mit steigender Frequenz bekannt geworden. DUNCAN (1961) und VOELKER (1963) erkannten eine Periodenzunahme der pc 3 im Verlauf des Tages. Beim Typ pc 5 beschreibt KITAMURA (1963) steigende und fallende Frequenzen.

8.2 Gleitende Frequenzen in Kiruna

An fast allen schwach gestörten Tagen in der Beobachtungszeit traten auffällige Pulsationserscheinungen mit fallenden Frequenzen auf. Dabei fällt die Frequenz in etwa einer Stunde von 0,05 auf 0,01 Hz, aber auch schnellere und langsamere Frequenzläufe erscheinen auf den Sonagrammen. Die Häufigkeit des Auftretens hat ein ausgeprägtes Maximum in den Morgenstunden (Abb. 28).

Mit den fallenden Frequenzen sind häufig steigende in einer komplizierten Weise vergesellschaftet. Abb. 29a zeigt einen Ausschnitt des Sonagramms vom 26.8.1965 mit vielen fallenden und einigen steigenden Frequenzen. Zum Vergleich ist in Abb. 29b ein Sonagramm aus den Abendstunden mit gleichzeitigem Einsatz der Frequenzen beigefügt.

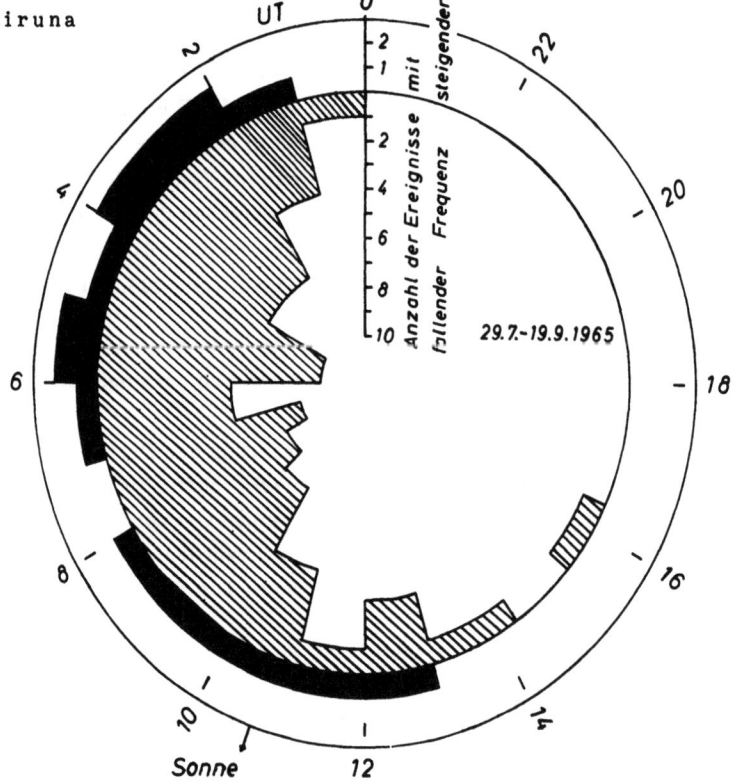

Abb. 28: Auftreten von fallenden und steigenden Frequenzen im Bereich von 0,01 bis 0,05 Hz

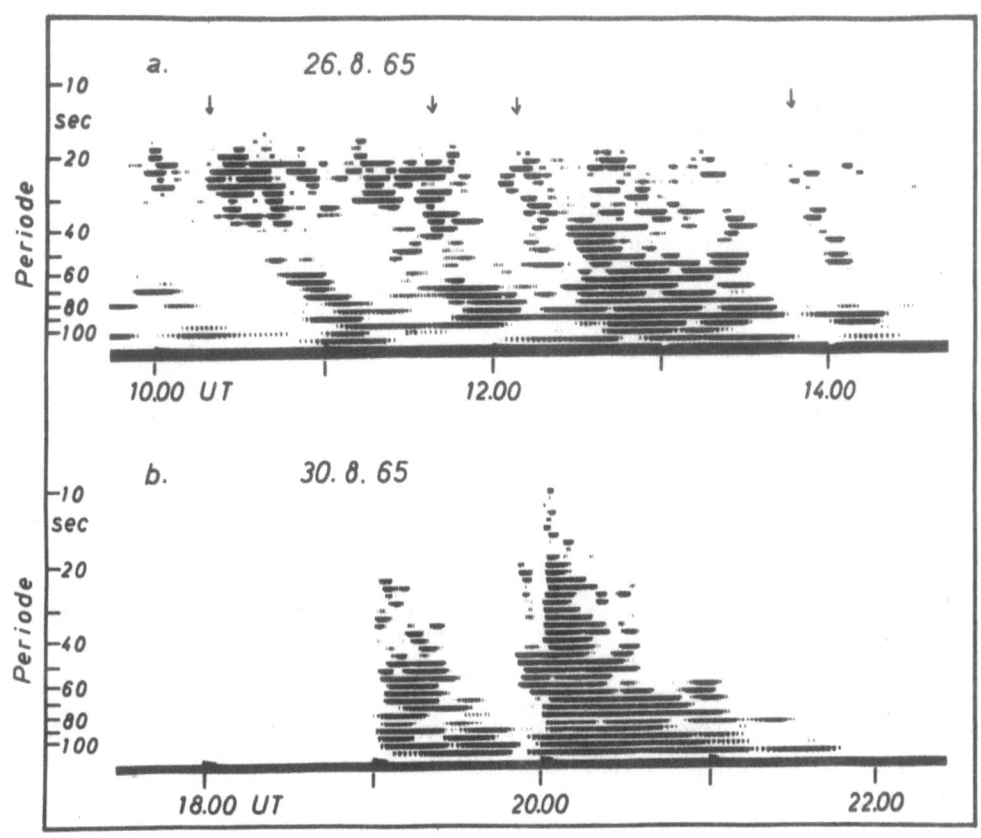

Abb. 29: Sonagramme mit gleitenden Frequenzen (a) und gleichzeitigem Einsatz der Frequenzen (b)

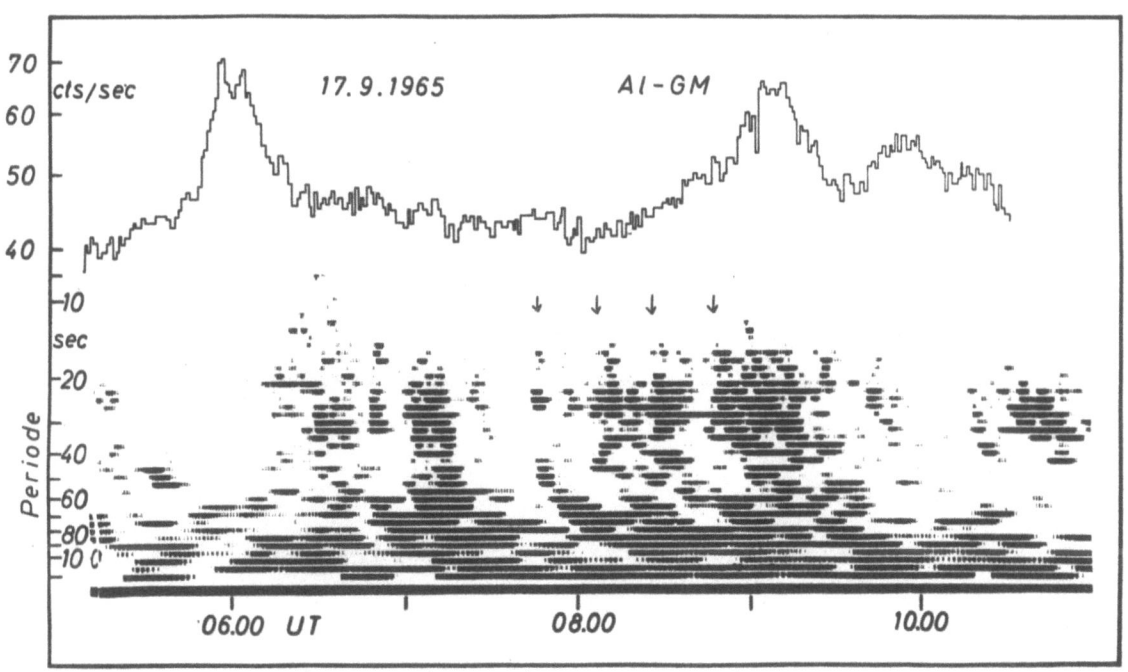

Abb. 30: Bremsstrahlungsmessung und Sonagramm mit fallenden Frequenzen.

8.2

In Abb. 30 ist über dem Sonagrammausschnitt vom 17.9.1965 die Zählrate eines Geiger-Müller-Zählrohres in Ballonhöhe aufgetragen. Das Sonagramm zeigt wieder viele fallende Frequenzen; besonders die Zeit von 07.45 bis 10.00 UT ist bemerkenswert, weil mehrere Ereignisse dicht hintereinander auftreten. Ein eindeutiger Zusammenhang mit den Bremsstrahlungsmessungen ist nicht zu bemerken. Das Intervall reiht sich in die Gruppe des "schlechten Zusammenhangs" nach Abb. 10 ein. Diese Gruppe scheint in der Tat genau aus solchen Ereignissen zu bestehen.

Der Versuch, die Ereignisse einheitlich zu beschreiben, führt auf die Darstellung in Abb. 31. Die schraffierte Fläche gibt speziell das Ereignis vom 26.8.1965 gegen 10.30 UT wieder, ist aber auch für andere Vorkommen repräsentativ. Im Sonagramm beginnen die Pulsationen mit einem "Kopf" bei etwa 20 bis 30 sec Periode. Bei zunehmenden Kp-Werten scheint sich dieser Kopf

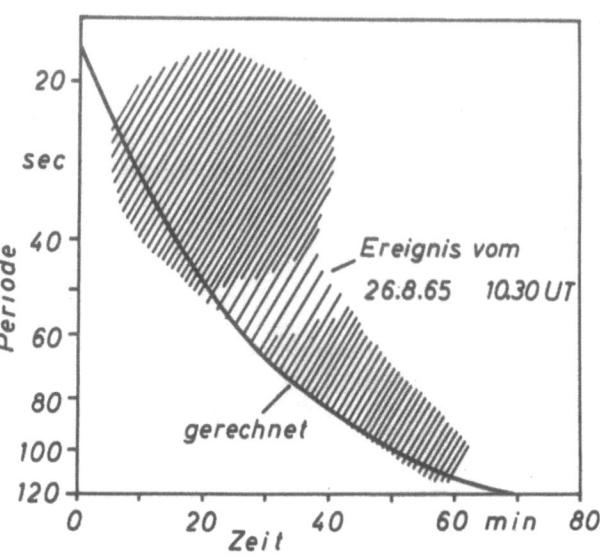

Abb. 31: Typisches Ereignis mit fallender Frequenz. Die Kurve ist mit einer Modellvorstellung angepaßt (vgl. Abschnitt 8.4).

nach höheren Frequenzen zu verschieben. Es schließt sich über ein schwaches Mittelstück ein Schwanz bis etwa 100 sec Periode an. Im wenig ausgeprägten Mittelteil sind vornehmlich die steigenden Frequenzen zu erkennen.

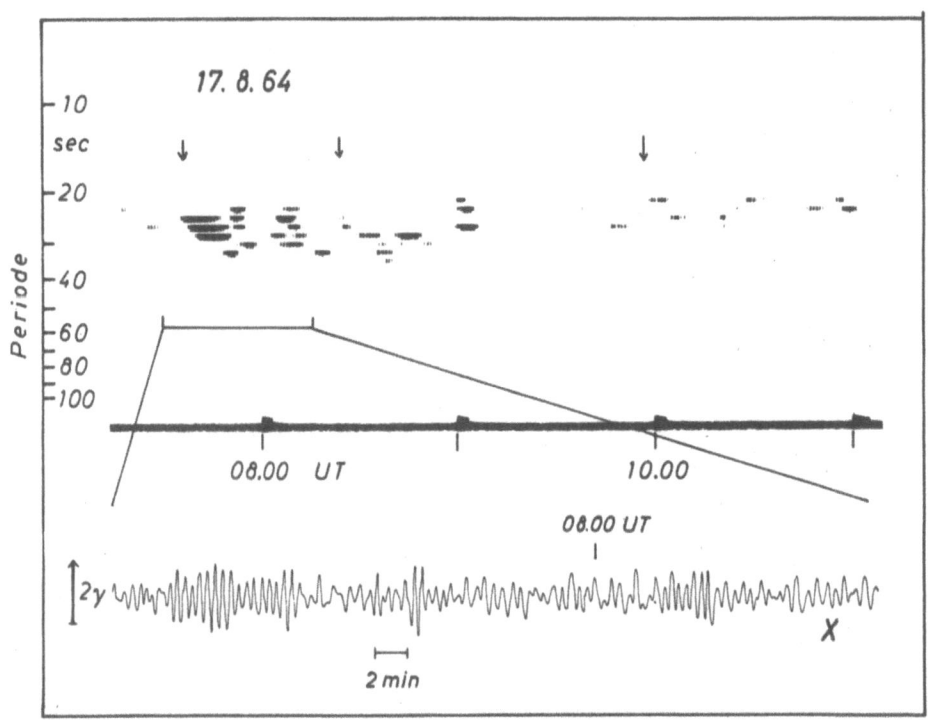

Abb. 32: pc 3-Pulsationen mit Struktur. Die Pfeile deuten auf Frequenzläufe.

8.3 pc 3-Pulsationen mit fallenden Frequenzen

An magnetisch ruhigen Tagen traten in den Vormittagsstunden pc 3-Pulsationen auf. Auch sie zeigten an einigen Tagen fallende Frequenzen in Form einer Feinstruktur. Besonders deutlich ist dies am 17.8.1964 um 07.38 UT in Abb. 32 zu sehen. Zwei weitere Pulsationsgruppen sind ebenfalls durch Pfeile gekennzeichnet.

8.4 Erklärungsversuch

Die steigenden Frequenzen bei pc 1-Pulsationen wurden von TEPLEY und WENTWORTH (1962) durch Beschleunigung eines zwischen konjugierten Punkten spiegelnden Elektronenpakets gedeutet. GENDRIN (1963) benutzte zur Interpretation Protonenpakete. Dispergierende hydromagnetische Wellenpakete schließlich zogen JACOBS und WATANABE (1964) zur Erklärung heran.

Die langsam steigenden und fallenden Frequenzen im pc 1-Bereich führen JACOBS und WATANABE (1964) auf Änderungen des Elektroneninhalts der F_2-Schicht zurück.

Die Periodenzunahme der pc 3-Pulsationen im Laufe eines Tages erklärt SIEBERT (1965) durch eine Dichtezunahme in der Magnetosphäre. Die gleitenden Frequenzen bei pc 5-Pulsationen werden nach KITAMURA (1964) durch Kompression der Magnetosphäre verursacht.

Zunächst soll die Anwendbarkeit der genannten Prinzipien auf die Beobachtungen des Abschnitts 8.2 untersucht werden.

a) Für den betrachteten Periodenbereich von 20 bis 100 sec ist nicht zu sehen, welche Teilchenbewegung für die Erzeugung in Frage kommen könnte.

b) Sehr anziehend ist ein Erkärungsversuch mit Hilfe der Dispersion, da schon das Erscheinungsbild darauf hindeutet. In der Magnetosphäre zeigen hydromagnetische Wellen Dispersion in der Nähe der Ionengyrofrequenz. Nach STIX (1962) ist im kalten Zweikomponenten-Plasma bei Ladungsneutralität und Ausbreitung in Richtung des äußeren Magnetfeldes die Dispersionsgleichung

$$\frac{k_z^2 c^2}{\omega^2} = 1 + \frac{\Pi_p^2}{\Omega_p(\omega \pm \Omega_p)}, \quad \omega \ll \Omega_e \qquad (31\,a, b)$$

k_z Komponente des Wellenzahlvektors in Feldrichtung

$\Pi_p^2 = \dfrac{4\pi n_p e^2}{m_p}$ Quadrat der Ionenplasmafrequenz

Ω_p, Ω_e Gyrofrequenzen von Protonen und Elektronen

Das Vorzeichenpaar entspricht den beiden möglichen Ausbreitungsarten. Mit Minuszeichen ergibt sich eine Abnahme der Phasengeschwindigkeit bei $\omega \uparrow \Omega_p$. Mit diesen Wellen interpretieren JACOBS und WATANABE (1964) die Feinstruktur der pc 1-Pulsationen. Sie folgern weiter, daß nur diese Wellen durch die Feldlinien geführt werden, wohingegen sich die Wellen mit Pluszeichen und umgekehrtem Dispersionsverhalten auch schräg zum Feld ausbreiten können.

Diese Ausbreitungsart muß zur Erklärung der fallenden Frequenzen betrachtet werden. Zur Abschätzung sollen für das Plasma eine Protonendichte $n_p = 100 \, p/cm^3$ und ein Feld $B_0 = 40\gamma$ angenommen werden. Damit wird $\Omega_p \approx 4 \, sec^{-1}$, $\Pi_p^2 \approx 1,7 \cdot 10^8 \, sec^{-2}$ und die Phasengeschwindigkeit für

$$\omega_1 = 0,3 \text{ sec}^{-1} \qquad u_1 = 9,5 \cdot 10^6 \text{ cm/sec}$$

$$\omega_2 = 0,06 \text{ sec}^{-1} \qquad u_2 = 9,2 \cdot 10^6 \text{ cm/sec}.$$

Um die beobachteten Laufzeitdifferenzen von einer Stunde zu bekommen, müssen die Wellen 10^{12} cm ≈ 1600 R_E zurückgelegt haben, eine Entfernung, die in der Magnetosphäre nicht zur Verfügung steht.

Dispergierende mit- und gegenläufige hydromagnetische Wellen im solaren Wind führten unter Berücksichtigung der Doppler-Verschiebung beim Auftreffen auf der Erde nur bei sehr extremen Annahmen über das Plasma zur Deutung der beobachteten Erscheinungen. Dieser Weg soll daher nicht weiter untersucht werden.

c) Gegen eine Dichte- oder Gestaltänderung der Magnetosphäre oder Ionosphäre als Ursache der fallenden Frequenzen spricht die häufige Wiederholung der Erscheinung, besonders das gestaffelte Auftreten am 17.9.1965 (Abb. 30).

Durch die Entdeckung des Schwanzes der Magnetosphäre und der Übergangsregion zwischen Magnetopause und Schockfront durch Explorer 10 und IMP 1 (z.B. NESS, 1965) ist eine Deutungsmöglichkeit gegeben, die im folgenden ausgeführt werden soll.

In Abb. 33 sind die Annahmen über Gestalt und Plasmabedingungen der Magnetopause in einem Meridianschnitt angegeben, die bei der Rechnung benutzt wurden.

Der einfallende solare Wind habe an leicht gestörten Tagen eine Geschwindigkeit v_w = 400 km/sec, an der Stirnseite der Magnetosphäre sei ein Staupunkt, und das abfließende Plasma habe 25 R_E hinter der Erde wieder v = 400 km/sec. Die Interpolation soll ziemlich willkürlich mit v ~ $s^{1/2}$ (s vom Staupunkt aus entlang der Magnetopause gemessen) geschehen. Die Geschwindigkeit der hydromagnetischen Wellen in der Nähe der Magnetopause betrage einheitlich 60 km/sec. Wird hierunter die Alfvéngeschwindigkeit

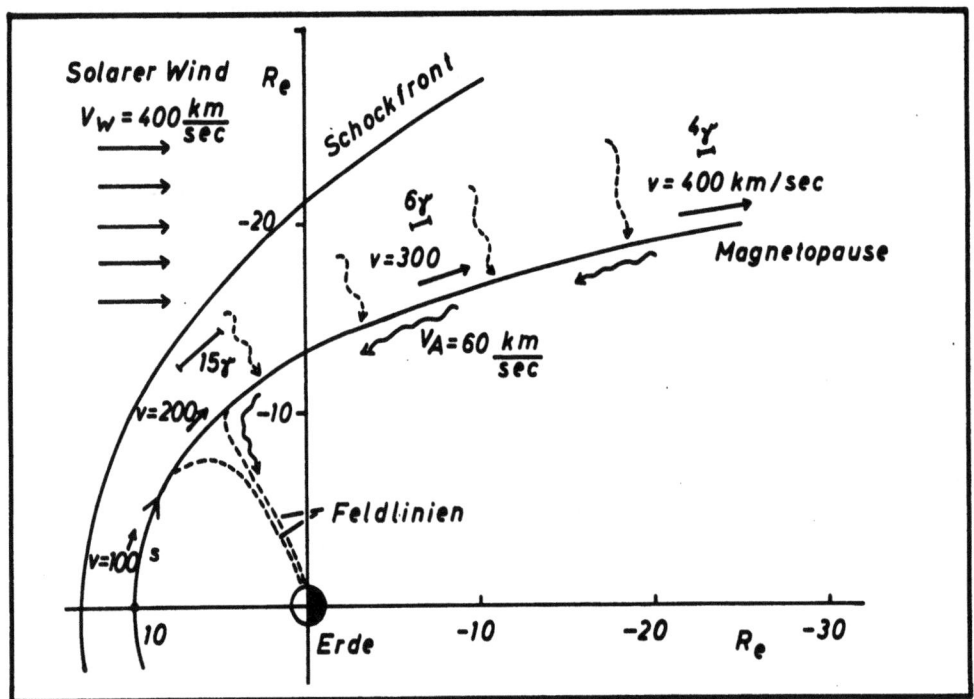

Abb. 33: Skizze der Magnetopause mit Modellannahmen

verstanden, so muß das Plasma bei einem Feld von 30γ eine Dichte von 100 Protonen/cm^3 haben. Diese Dichte erscheint etwas hoch und damit die Geschwindigkeit zu gering. In einem Plasma mit hoher Elektronentemperatur sind aber z.B. auch ionen-akustische Wellen möglich (vgl. STIX, 1962), die bei $T_e \approx 10^5$ °K die angegebene Geschwindigkeit erwarten lassen. Nach mehreren Autoren sind in der Übergangsregion ungedämpfte ionen-akustische Wellen möglich (z.B. DESSLER, 1962; NOERDLINGER, 1964; FREDRICKS et al., 1965), die nach NOERDLINGER für 15γ ($\Omega_p \approx 1,5$ sec^{-1}) eine Winkelfrequenz ω ≈ 1,1 sec^{-1} und eine Phasengeschwindigkeit u = 70 km/sec haben. Allgemein soll angenommen werden, daß die Frequenz der angeregten Wellen dicht bei der Ionengyrofrequenz liegt (s. auch STIX, 1962, p. 201).

Der Ereignisablauf wird nun so gedacht:

Eine Störungsfront im solaren Wind trifft die Magnetosphäre der Erde und regt auf der Tagseite ein breites Spektrum von Feldschwankungen an, dessen niederfrequentes Ende als "Kopf" im Sonagramm erscheint, wogegen die höheren Frequenzen möglicherweise der ionosphärischen Dämpfung zum Opfer fallen. Pulsationen als Folge eines von IMP 1 vor der Magnetosphäre gemessenen Feldsprunges berichtet KATO (1965).

Die Störung läuft mit der Geschwindigkeit v entlang der Magnetopause und führt zu einer örtlichen Erregung von Plasmawellen in der Nähe der Ionengyrofrequenz. Unter Mitwirkung des Doppler-Effektes werden diese Wellen in die Magnetosphäre eingekoppelt und gelangen auf den Feldlinien zu der Tagseite der Polkappen. Da die tiefen Frequenzen durch abnehmende Gyrofrequenz und zunehmenden Doppler-Effekt später und entfernter in die Magnetosphäre gelangen als die hohen Frequenzen, ergibt die Laufzeit der Wellen zur Erde die beobachtete zeitliche Verschiebung der Frequenzen. Mit den gemachten Annahmen wurde die Rechnung durchgeführt. Danach setzen die einzelnen Frequenzen entlang der ausgezogenen Kurve in Abb. 31 ein.

Die Wanderung hydromagnetischer Wellen entlang einer Feldlinie wurde von SUGIURA (1961) beschrieben. PATEL und CAHILL (1964) haben mit Explorer 12 hydromagnetische Wellen auf der Tagseite beobachtet und die Störung mit einigen Minuten Verzögerung auf der Erde nachweisen können. Diese Beobachtungen zeigen sehr direkt, daß mit einer Wanderung der Wellen entlang der Feldlinien zu rechnen ist.

Die Grenze zwischen offenen und geschlossenen Feldlinien liegt nach Messungen von Injun 3 auf der Tagseite bei 77° Breite (FRANK et al., 1964). Damit haben die Feldlinien von 65° keine direkte Verbindung mit dem Schwanz der Magnetosphäre. Die Amplituden der fallenden Frequenzen sollten demnach mit der Breite anwachsen, eine Behauptung, die aus den vorliegenden Messungen nicht nachgeprüft werden kann.

In diesem Zusammenhang soll noch einmal auf den Tag-Nacht-Unterschied der Beziehung zwischen Pulsationen und Bremsstrahlung (Abb. 10) eingegangen werden. Das gleichzeitige Auftreten von Pulsationen mit breitem Spektrum und Röntgenstrahlung während einer negativen bay-Störung, d.h. auf der Nachtseite, erklärt NISHIDA (1964) durch hydromagnetische Instabilität beim Durchgang von 10 keV-Elektronen durch das magnetosphärische Plasma. Für das Fehlen dieses Zusammenhanges am Tage können dann fehlende Anregungbedingungen und-oder erhöhte ionosphärische Absorption verantwortlich sein. Wird das letztere angenommen, so folgen für die beobachteten Tagespulsationen über der Ionosphäre beachtliche Amplituden (vgl. DESSLER, 1958).

Wird unterstellt, daß die betrachteten Tagespulsationen und die Elektronenausfällungen zusammenhängen oder wenigstens Folge der gleichen Störungsursache sind, so können Zeitunterschiede im Auftreten auf verschiedene Laufzeiten von Wellen und Teilchen zurückgeführt werden.

Vereinzelt auftretende sehr gute Übereinstimmung (vgl. Abb. 20) ist dann Ausdruck einer Wechselwirkung von Elektronen und Pulsationen in Erdnähe, vielleicht sogar in der Ionosphäre.

9. Zusammenfassung und Schluß

Im ersten Teil der Arbeit wird eine Zwei-Magnetometer-Anordnung zur Registrierung erdmagnetischer Pulsationen im Periodenbereich 1 - 200 sec nach dem Kompensationsprinzip beschrieben. Die Anlage wurde in Verbindung mit einem Magnetbandgerät sehr langsamer Bandgeschwindigkeit eingesetzt zur Aufzeichnung von Pulsationen der Polarlichtzone während gleichzeitiger Ballonmessungen der Röntgenstrahlung in der Stratosphäre.

Die Bandaufnahmen werden bei hoher Wiedergabegeschwindigkeit in einem Sonagraphen, dessen Aufbau beschrieben wird, analysiert. Im zweiten Teil werden die Beobachtungs- und Analysenergebnisse dargestellt und besprochen.

Ein enger zeitlicher Zusammenhang zwischen Pulsationsaktivität und Bremsstrahlungsmessungen konnte für die meisten Ereignisse der Nachtstunden festgestellt werden, wohingegen die Verhältnisse am Tage unübersichtlicher sind. Bei vereinzelt auftretenden quasi-periodischen Bremsstrahlungsereignissen zeigen die magnetischen Pulsationen zum Teil sehr weitgehende Ähnlichkeit des Verlaufes.

Besonders wurden die Pulsationen vom Typ pc 1 beachtet. Im Gegensatz zu bisherigen Beobachtungen (vgl. McPHERRON and WARD, 1965) ergab sich eine Verbindung zwischen pc 1 und Bremsstrahlung, die allerdings recht variabel ist. Der Versuch, diese Zusammenhänge im Rahmen der theoretischen Vorstellungen von CORNWALL (1965), TAYLOR und HONES (1965) zu interpretieren, wird unternommen.

Auf den Sonagrammen der Tagesstunden zeichneten sich an magnetisch leicht gestörten Tagen auffallende Pulsationserscheinungen mit fallenden Frequenzen von 0,05 - 0,01 Hz ab. Ein Deutungsversuch dieser Erscheinung durch eine frequenzvariable Quelle, die sich entlang der Magnetopause von der Erde entfernt, wird dargestellt. Mit Annahmen über die Übergangsregion und die Plasmabedingungen am Rand der Magnetosphäre lassen sich die fallenden Frequenzen verstehen.

Dem verstorbenen Direktor des Instituts für Stratosphärenphysik am Max-Planck-Institut für Aeronomie, Herrn Prof. Dr. J. Bartels, danke ich für die Möglichkeit, die Arbeit an diesem Institut ausführen zu können. Diese Arbeit wurde von Herrn Prof. Dr. A. Ehmert angeregt.

Herrn Prof. Dr. A. Ehmert und Herrn Dr. G. Pfotzer sei für die Förderung der Arbeit durch viele Anregungen und Diskussionen gedankt.

Darüber hinaus erkenne ich die Unterstützung vieler Institutsangehöriger dankbar an. Besonders wichtig war die Überlassung der Bremsstrahlungsmessungen. Bei den umfangreichen mechanischen Problemen zum ersten Teil der Arbeit war die Zusammenarbeit mit unserer feinmechanischen Werkstatt sehr erfreulich.

Dem Direktor des Geophysikalischen Observatoriums Kiruna, Herrn Dr. B. Hultqvist, möchte ich für die Gastfreundschaft an seinem Institut und für die zur Verfügung gestellten Riometerregistrierungen danken.

Literaturverzeichnis

AKASOFU, S.I.: On the Ionospheric Heating by Hydromagnetic Waves Connected with Geomagnetic Micropulsations. - J.Atmosph.Terr.Phys. 18, 160-173, (1960)

ANDERSON, K.A.: Soft Radiation Events at High Altitude during the Magnetic Storm of August 29-30, 1957. - Phys.Rev. 111, 1397-1405, (1958)

ANDERSON, K.A.: Balloon Observations of X-Rays in the Auroral Zone I. - J.Geophys.Res. 65, 551-564, (1960)

ANGER, C.D., J.R.BARCUS, R.R.BROWN, and D.S.EVANS: Long-Period Pulsations in Electron Precipitation Associated with Hydromagnetic Waves in the Auroral Zone. - J.Geophys.Res. 68, 3306-3310, (1963)

BARCUS, J.R., and A.CHRISTENSEN: A 75-Second Periodicity in Auroral-Zone X-Rays. - J.Geophys.Res. 70, 5455-5459, (1965)

BENIOFF, H.: Observations of Geomagnetic Fluctuations in the Period Range 0.3 to 120 Seconds. - J.Geophys.Res. 65, 1413-1422, (1960)

BEWERSDORFF, A., J.DION, G.KREMSER, E.KEPPLER, J.P.LEGRAND, and W.RIEDLER: Diurnal Energy Variation of Auroral X-Rays. - Ann.Géophys. 22, 23-30, (1966)

BROWN, R.R.: Balloon Observations of Auroral X-Rays. - J.Geophys.Res. 66, 1379, (1961)

BROWN, R.R., and W.H.CAMPBELL: An Auroral-Zone Electron Precipitation Event and Its Relationship to a Magnetic Bay. - J.Geophys.Res. 67, 1357-1366, (1962)

BROWN, R.R.: A Study of Slowly Varying and Pulsating Ionospheric Absorption Events in the Auroral Zone. - J.Geophys.Res. 69, 2315-2321, (1964)

BROWN, R.R., J.R.BARCUS, and N.P.PARSONS: Balloon Observations of Auroral Zone X-Rays in Conjugate Regions. 2. Microburst and Pulsations. - J.Geophys.Res. 70, 2599-2612, (1965)

CAMPBELL, W.H., and B.NEBEL: Micropulsation Measurements in California and Alaska. - Nature 184, 628, (1959)

CAMPBELL, W.H.: Magnetic Micropulsations and the Pulsating Aurora. - J.Geophys.Res. 65, 784, (1960a)

CAMPBELL, W.H.: Magnetic Micropulsations, Pulsating Aurora, and Ionospheric Absorption. - J.Geophys.Res. 65, 1833, (1960b)

CAMPBELL, W.H.: Concerning the Nature of Short-Period Magnetic Micropulsations. - J.Geophys.Res. 65, 1843-1845, (1960c)

CAMPBELL, W.H., and H.LEINBACH: Ionospheric Absorption at Times of Auroral and Magnetic Pulsations. - J.Geophys.Res. 66, 25-34, (1961)

CAMPBELL, W.H.: Magnetic Field Micropulsations and Electron Bremsstrahlung. - J.Geophys.Res. 66, 3599, (1961)

CAMPBELL, W.H., and S.MATSUSHITA: Auroral Geomagnetic Micropulsations with Periods of 5 to 30 Seconds. - J.Geophys.Res. 67, 555-573, (1962)

CAMPBELL, W.H.: Some Auroral Zone Disturbances at Times of Magnetic Micropulsation Storms. - J.Phys.Soc. Japan 17, Suppl. A-I, 112-116, (1962)

CAMPBELL, W.H.: Natural Electromagnetic Field Fluctuations in the 3.0 to 0.02 c/s Range.- Proc.Inst. Elect. Electronics Engrs. 51, 1337-1342, (1963)

CAMPBELL, W.H.: A Study of Geomagnetic Effects Associated with Auroral Zone Electron Precipitation Observed by Balloons. - J.Geomagn. Geoelectr. 16, 41-61, (1964)

CORNWALL, J.M.: Cyclotron Instabilities and Electromagnetic Emission in the Ultra Low Frequency and Very Low Frequency Ranges. - J.Geophys.Res. 70, 61-69, (1965)

DAWSON, J.A., and M.SUGIURA: Pearl-Type Micropulsations in the Auroral Zones: Polarisation and Magnetic Conjugacy. (Abstract). - Trans.Am.Geophys. Union 44, 41, (1963)

DESSLER, A.J.: Large Amplitude Hydromagnetic Waves above the Ionosphere. - J.Geophys. Res. 63, 507-511, (1958)

DESSLER, A.J.: Further Comments on Stability of Interface between Solar Wind and Geomagnetic Field. - J.Geophys.Res. 67, 4892-4894, (1962)

DUFFUS, H.J., P.W.NASMYTH, J.A.SHAND, and C.WRIGHT:
Sub-audible Geomagnetic Fluctuations. - Nature 181, 1258, (1958)

DUFFUS, H.J.: A Connexion between PC and the F Region. - Nature 188, 719-721, (1960)

DUNCAN, R.A.: Some Studies of Geomagnetic Micropulsations. - J.Geophys.Res. 66, 2087-2094, (1961)

ELLIS, G.R.A.: Geomagnetic Micropulsations. - Austr.J.Phys. 13, 625-632, (1960)

EHMERT, A., G.KREMSER, G.PFOTZER, K.H.SAEGER, K.WILHELM, W.RIEDLER,
A.BEWERSDORFF, J.P.LEGRAND, M.PALOUS, J.OKSMAN, and P.TANSKANEN:
Simultaneous Measurements of Auroral X-rays at Kiruna (Sweden) and Ivalo/Sodankylä (Finland) from July to September 1965. - Sparmo-Bulletin No.2, 10-28, (1966)

EVANS, D.S.: A Pulsating Auroral-Zone X-Ray Event in the 100-Second Period Range. - J.Geophys.Res. 68, 395-400, (1963)

FRANK, L.A., J.A.VAN ALLEN, and J.D.CRAVEN:
Large Diurnal Variations of Geomagnetically Trapped and Precipitated Electrons Observed at Low Altitudes. - J.Geophys.Res. 69, 3155-3167, (1964)

FREDRICKS, R.W., F.L.SCARF, and W.BERNSTEIN:
Numerical Estimates of Superthermal Electron Production by Ion Acoustic Waves in the Transition Region. - J.Geophys.Res. 70, 21-28, (1965)

FREIBURG, CH. und W.KERTZ:
Anordnung von Stabmagneten zur Erzeugung homogener Feldbereiche. - Z.Geophysik 26, 227-235, (1960)

GENDRIN, R.: Sur une théorie des pulsations rapides structurées du champ magnétique terrestre. - Ann.Géophys. 19, 197-215, (1963)

HOFFMAN, R.A., L.R.DAVIS, and J.M.WILLIAMSON:
Protons of 0.1 to 5 MeV and Electrons of 20 keV at 12 Earth Radii during Sudden Commencement on September 30, 1961. - J.Geophys.Res. 67, 5001-5005, (1962)

HULTQVIST, B.: Plasma Waves in the Frequency Range 0.001-10 cps in the Earth's Magnetosphere and Ionosphere. - Contribution from Kiruna Geophysical Observatory, (1965)

JACOBS, J.A., and T.WATANABE:
Propagation of Hydromagnetic Waves in the Lower Exosphere and the Origin of Short Period Geomagnetic Pulsations. - J.Atmosph.Terrestr. Phys. 24, 413-429, (1962)

JACOBS, J.A., Y.KATO, S.MATSUSHITA, and V.A.TROITSKAYA:
Classification of Geomagnetic Micropulsations. - J.Geophys.Res. 69, 180, (1964)

JACOBS, J.A., and T.WATANABE:
Micropulsation Whistlers. - J.Atmosph.Terrest.Phys. 26, 825-829, (1964)

Ionosphären-Bericht 16, Nr. 20, Hamburg (1964)

KATO, Y.: Relations between the Magnetic Disturbances Observed by IMP 1 Satellite and Terrestrial Magnetic Micropulsations. - J.Geophys.Res. 70, 1754-1757, (1965)

KEPPLER, E.: Zur Interpretation von Röntgenstrahlungsmessungen in Ballonhöhe in der Nordlichtzone. - Mitteilungen a.d. Max-Planck-Institut für Aeronomie, Nr. 20. Springer-Verlag, Berlin-Heidelberg-New York (1965)

KITAMURA, T.: Geomagnetic Pulsations and the Exosphere. I. Statistical Results. - Rep. Ionosphere Space Res. Japan 17, 67-76, (1963)

KITAMURA, T.: Geomagnetic Pulsations and the Exosphere. II. Analysis of Sliding Tones. - Rep. Ionosphere Space Res. Japan 18, 1-15, (1964)

KREMSER, G., E.KEPPLER, A.BEWERSDORFF, K.H.SAEGER, A.EHMERT, G.PFOTZER, W.RIEDLER,
and J.P.LEGRAND: X-Ray Measurements in the Auroral Zone from July to October 1964. - Mitteilungen a.d. Max-Planck-Institut für Aeronomie, Nr. 25, Springer-Verlag, Berlin-Heidelberg-New York, (1965)

McILWAIN, C.E.: Coordinates for Mapping the Distribution of Magnetically Trapped Particles. - J.Geophys.Res. 66, 3681-3694, (1961)

McPHERRON, R.L., and S.H.WARD:
Auroral-Zone Pearl Pulsations. - J.Geophys.Res. 70, 5867-5882, (1965)

NESS, N.F.: The Earth's Magnetic Tail. - J.Geophys.Res. 70, 2989-3006, (1965)

NISHIDA, A.: Theory of Irregular Magnetic Micropulsations Associated with a Magnetic Bay. - J.Geophys.Res. 69, 947-954, (1964)

NOERDLINGER, P.D.: Wave Generation near the Outer Boundary of the Magnetosphere. - J.Geophys.Res. 69, 369-373, (1964)

NORTHROP, T.G., and E.TELLER: Stability of the Adiabatic Motion of Charged Particles in the Earth's Field. Phys.Rev. 117, 215-225, (1960)

OBAYASHI, T.: Hydromagnetic Whistlers. - J.Geophys.Res. 70, 1069-1078, (1965)

PATEL, V.L., and L.J.CAHILL, jr.: Evidence of Hydromagnetic Waves in the Earth's Magnetosphere and of their Propagation to the Earth's Surface. - Phys.Rev. Letters 12, 213-215, (1964)

PFOTZER, G., A.EHMERT, and E.KEPPLER: Time Pattern of Ionizing Radiation in Balloon Altitudes in High Latitudes.- Mitteilungen a.d. Max-Planck-Institut für Aeronomie, Nr. 9. Springer-Verlag, Berlin-Göttingen-Heidelberg, (1962)

PFOTZER, G.: Balloon Measurements of Solar Protons and Auroral X-Rays. - High Latitude Particles and the Ionosphere. 167-204, London, (1965)

PFOTZER, G., and A.EHMERT: Measurements of High Energetic Auroral Radiations with Balloon-Borne Detectors in 1962 and 1963. - Mitteilungen a.d. Max-Planck-Institut für Aeronomie, Nr. 18. Springer-Verlag, Berlin-Heidelberg-New York, (1965)

POPE, J.H., W.H.CAMPBELL, and M.D.LITTLEFIELD: A Study of a Geomagnetic Micropulsation Phenomenon in the One Cycle per Second Range. - Trans.Am.Geophys.Union 44, 81, (1963)

POPE, J.H.: An Explanation for the Apparent Polarization of Some Geomagnetic Micropulsations (Pearls). - J.Geophys.Res. 69, 399-405, (1964)

SAITO, T.: Period Analysis of Geomagnetic Pulsations by a Sona-Graph Method. - Sci.Rep. Tôhoku Univ. 5, Geophys. 12, 105-113, (1960)

SIEBERT, M.: Zur Theorie erdmagnetischer Pulsationen mit breitenabhängiger Periode.- Mitteilungen a.d. Max-Planck-Institut für Aeronomie, Nr. 21. Springer-Verlag, Berlin-Heidelberg-New York, (1965)

STIX, P.H.: The Theory of Plasma Waves. - Mc Graw-Hill, New York, San Francisco, Toronto, London, (1962)

SUGIURA, M.: Some Evidence of Hydromagnetic Waves in the Earth's Magnetic Field. - Phys.Rev. Letters 6, 255-257, (1961)

TAYLOR, H.E., and E.W.HONES, jr.: Adiabatic Motion of Auroral Particles in a Model of the Electric and Magnetic Fields Surrounding the Earth. - J.Geophys.Res. 70, 3605-3628, (1965)

TEPLEY, L.R.: Observation of Hydromagnetic Emission. - J.Geophys.Res. 66, 1651, (1961)

TEPLEY, L.R., and R.C.WENTWORTH: Hydromagnetic Emissions, X-Ray Bursts, and Electron Bunches.
1. Experimental Results.- J.Geophys.Res. 67, 3317-3333 (1962)
2. Theoretical Interpretation.- J.Geophys.Res. 67, 3335-3343, (1962)

TEPLEY, L.R., R.R.HEACOCK, and B.J.FRASER: Hydromagnetic Emissions (Pc 1) Observed Simultaneously in the Auroral Zone and at Low Latitudes. - J.Geophys.Res. 70, 2720-2725, (1965)

TROITSKAYA, V.: Earth Current Installations at the Stations of the USSR. - Ann.IGY 4, 322-329, (1957)

TROITSKAYA, V.: Pulsations of the Earth's Electromagnetic Field with Periods of 1 to 15 Seconds and their Connection with Phenomena in the High Atmosphere. - J.Geophys.Res. 66, 5-18, (1961)

VALLEY, G.E., and H.WALLMAN: Vacuum Tube Amplifiers. - Mc Graw-Hill, New York, Toronto, London, (1948)

VAN ALLEN, J.A.: Interpretation of Soft Radiation Observed at High Altitudes in Northern Latitudes. - Phys.Rev. 99, 609, (1955)

VENKATESAN, B.: Isocontours of Magnetic Shell Parameters B and L. - J.Geophys.Res. 70, 3771-3780, (1965)

VICTOR, L.J.: Correlated Auroral and Geomagnetic Micropulsations in the Period Range 5 to 40 Seconds. - J.Geophys.Res. 70, 3123-3130, (1965)

VOELKER, H.: Zur Breitenabhängigkeit erdmagnetischer Pulsationen. - Mitteilungen a.d. Max-Planck-Institut für Aeronomie, Nr. 11. Springer-Verlag, Berlin-Göttingen-Heidelberg, (1963)

WENTWORTH, R.C.: Enhancement of Hydromagnetic Emissions after Geomagnetic Storms. - J.Geophys.Res. $\underline{69}$, 2291-2298, (1964a)

WENTWORTH, R.C.: Evidence for Maximum Production of Hydromagnetic Emissions above the Afternoon Hemisphere of the Earth. I, II. - J.Geophys.Res. $\underline{69}$, 2689-2706, (1964b)

WINCKLER, J.R., L.PETERSON, R.HOFFMAN, and R.ARNOLDY: Auroral X-Rays, Cosmic Rays, and Related Phenomena during the Storm of February 10-11, 1958. - J.Geophys.Res. $\underline{64}$, 597-610, (1959)

WRIGHT, C.S., and J.E.LOKKEN: Geomagnetic Micropulsations in the Auroral Zones. - Canad.J.Phys. $\underline{43}$, 1373-1387, (1965)

YANAGIHARA, K.: Geomagnetic Micropulsations with Periods from 0.03 to 10 Seconds in the Auroral Zones with Special Reference to Conjugate-Point Studies. - J.Geophys.Res. $\underline{68}$, 3383-3397, (1963)

Verzeichnis der Mitteilungen aus dem Max-Planck-Institut für Physik der Stratosphäre

Nr. 1/1953   Über den Beitrag der von μ-Mesonen angestoßenen Elektronen zu den Ultrastrahlungsschauern unter Blei. G. Pfotzer

Nr. 2/1954   Ein Zählrohrkoinzidenzgerät zur Registrierung der kosmischen Ultrastrahlung. A. Ehmert

Eine einfache Methode zur Einstellung und Fixierung des Expansionsverhältnisses von Nebelkammern. G. Pfotzer

Nr. 3/1954   Optische Interferenzen an dünnen, bei -190°C kondensierten Eisschichten. Erich Regener (vergriffen)

Nr. 4/1955   Über die Messung der Temperatur des atmosphärischen Ozons mit Hilfe der Huggins-Banden. H. Zschörner und H. K. Paetzold

Nr. 5/1956   Ein neuer Ausbruch solarer Ultrastrahlung am 23. Februar 1956. A. Ehmert und G. Pfotzer, vergriffen (erschienen Z. Naturforschung 11a, 322, 1956)

Nr. 6/1956   Das Abklingen der solaren Ultrastrahlung beim Ausbruch am 23. Februar 1956 und die geomagnetischen Einfallsbedingungen. A. Ehmert und G. Pfotzer

Nr. 7/1956   Die Impulsverteilung der solaren Ultrastrahlung in der Abklingphase des Strahlungseinbruches am 23. Februar 1956. G. Pfotzer

Nr. 8/1956   Die atmosphärischen Störungen und ihre Anwendung zur Untersuchung der unteren Ionosphäre. K. Revellio

Nr. 9/1956   Solare Ultrastrahlung als Sonde für das Magnetfeld der Erde in großer Entfernung. G. Pfotzer

*

Die vorstehenden Hefte können beim Max-Planck-Institut für Aeronomie, 3411 Lindau angefordert werden.

Mitteilungen aus dem Max-Planck-Institut für Aeronomie

Nr. 1 (S) Waibel: Messungen von Primärteilchen der kosmischen Strahlung.

Nr. 2 (S) Erbe: Auswirkung der Variationen der primären kosmischen Strahlung auf die Mesonen- und Nukleonenkomponente am Erdboden.

Nr. 3 (I) Kohl: Bewegung der F-Schicht der Ionosphäre bei erdmagnetischen Bai-Störungen.

Nr. 4 (I) Becker: Tables of ordinary and extraordinary refractive indices, group refractive indices and $h'_{o,x}(f)$-curves or standard ionospheric layer models.

Nr. 5 (S) Schröpl: Über eine Neubestimmung des Absorptionskoeffizienten von Ozon im Ultraviolett bei kleinen Konzentrationen.

Nr. 6 (S) Erbe: Ergebnisse der Ballonaufstiege zur Messung der kosmischen Strahlung in Weissenau und Lindau.

Nr. 7 (S) Meyer: Elektromagnetische Induktion eines vertikalen magnetischen Dipols über einem leitenden homogenen Halbraum.

Nr. 8 (I u. S) Dieminger und Mitarb.: Die geophysikalischen Ereignisse des 12. - 14. November 1960.

Nr. 9 (S) Pfotzer, Ehmert, and Keppler: Time Pattern of Ionizing Radiation in Balloon Altitudes in High Latitudes. Part A, Text; Part B, Figures and Diagrams.

Nr. 10 (S) Waibel: Eine Ballonsonde zur Messung von Röntgenstrahlung und solarer Ultrastrahlung.

Nr. 11 (S) Voelker: Zur Breitenabhängigkeit erdmagnetischer Pulsationen.

Nr. 12 (S) Jaeschke: Registrierung von Pulsationen im südlichen Niedersachsen als Beitrag zur erdmagnetischen Tiefensondierung.

Nr. 13 (S) Meyer: Elektromagnetische Induktion in einem leitenden homogenen Zylinder durch äußere magnetische und elektrische Wechselfelder.

Nr. 14 (S) Kremser: Über den Zusammenhang zwischen Röntgenstrahlungs-Ausbrüchen in der Polarlichtzone und bayartigen erdmagnetischen Störungen.

Nr. 15 (S) Keppler: Messung von Röntgenstrahlung und solaren Protonen mit Ballongeräten in der Nordlichtzone.

Nr. 16 (S) Kirsch: Die Anisotropien der kosmischen Strahlung.

Nr. 17 (S) Guilino: Ausbau eines Wechsellichtmonochromators und seine Anwendung zur Messung des Luftleuchtens während der Dämmerung und in der Nacht.

Nr. 18 (S) Pfotzer and Ehmert: Measurements of High Energetic Auroral Radiations with Balloon-Borne Detectors in 1962 and 1963 Part A to C, Text; Part D, Figures and Diagrams.

Nr. 19 (I) Hartmann: Bestimmung wichtiger Satellitenpositionen mit Hilfe graphischer Darstellungen.

Nr. 20 (S) Keppler: Über die Eigenschaften von Zählrohren und Ionisationskammern in verschiedenartigen Strahlungsfeldern. - Zur Interpretation von Röntgenstrahlungsmessungen in Ballonhöhe in der Nordlichtzone.

Nr. 21 (S) Siebert: Zur Theorie erdmagnetischer Pulsationen mit breitenabhängigen Perioden.

Nr. 22 (S) Meyer: Zur 27 täglichen Wiederholungsneigung der erdmagnetischen Aktivität, erschlossen aus den täglichen Charakterzahlen C8 von 1884-1964.

Nr. 23 (S) Frisius: Über die Bestimmung von Längstwellen - Ausbreitungsparametern aus Feldstärkemessungen am Erdboden.

Nr. 24 (I) Ma: Einfluß der erdmagnetischen Unruhe auf den brauchbaren Frequenzbereich im Kurzwellen-Weitverkehr am Rande der Nordlichtzone.

Nr. 25 (S) Kremser, Keppler, Bewersdorff, Saeger, Ehmert, Pfotzer, Riedler, Legrand: X - Ray Measurements in the Auroral Zone from July to October 1964.

Nr. 26. (I) Stubbe: Theoretische Beschreibung des Verhaltens der nächtlichen F-Schicht.

If you have any concerns about our products,
you can contact us on
ProductSafety@springernature.com

In case Publisher is established outside the EU,
the EU authorized representative is:
**Springer Nature Customer Service Center GmbH
Europaplatz 3, 69115 Heidelberg, Germany**

Printed by Libri Plureos GmbH
in Hamburg, Germany